Inhalt

Anmerkung des Autors:
Leider konnten – infolge des einheitlichen Umfangs der Buchreihe – nicht alle von Heinkel konzipierten und gebauten Maschinen berücksichtigt werden. Der Verfasser bittet dies zu entschuldigen. Die von den Heinkel-Werken vergebenen Typenbezeichnungen weichen teilweise voneinander ab und stimmen auch in zeitgenössischen Aufzeichnungen nicht immer überein.

Der am 24.01.1888 geborene Ernst Heinkel befasste sich bereits früh mit der Aviatik, wie es damals hieß. Ab 1910 entwickelte er ein erstes Versuchsflugzeug und absolvierte am 09.07.1911 seinen ersten Alleinflug. Drei Monate später folgte in Johannisthal bei Berlin die Anstellung als Flugzeugkonstrukteur bei der Luftverkehrsgesellschaft (LVG). Er wechselte bald zu den Albatros-Werken, die er im April 1914 wieder verließ, um im Mai 1914 als Chefkonstrukteur und Technischer Direktor bei den Hansa-Brandenburgischen Flugzeugwerken in Briest (Havel) einzutreten. Der verlorene Erste Weltkrieg führte dazu, dass Ernst Heinkel die Entwicklung von Seeflugzeugen unterbrechen musste. Anfang 1919 führte er kurzzeitig eine kleine Werkstatt in seinem Geburtsort Grunbach im Remstal, wandte sich aber bald wieder der Luftfahrt zu.

Schon ab 1921 trat er als Konstrukteur bei den Caspar-Flugzeugwerken in Travemünde ein. Mit Carl Clemens Bücker gründete Ernst Heinkel am 10.09.1921 in Schweden die Svenska Aero AB. Die Firma sorgte für die Herstellung und Lieferung von nicht den geltenden Begriffsbestimmungen der Siegermächte entsprechenden Flugzeugen und deren Verkauf. Die Verwirklichung eigener Ideen erschien Ernst Heinkel inzwischen weit wichtiger als seine Arbeit bei Erich Caspar. Er gründete daher am 01.12.1922 die Ernst Heinkel Flugzeugwerke GmbH. In der Halle III des früheren Seeflug-Versuchskommandos in Warnemünde wagte er den Sprung in die Selbständigkeit und begann mit der Konstruktion kleiner Sportflugzeuge. Zwischen 1922 und 1928 entstanden etwa 80 verschiedene Flugzeugmuster. Heinkel sammelte wertvolle Erfahrungen, verdiente am Export,

Ernst Heinkel siedelte sich zwischen dem Breitling und der Ostsee an. (Heinkel)

Moderne Produktionsstätten wie die in Oranienburg bürgten für Erfolg. (Heinkel)

wobei Produkte wie die HE 5 und HE 9 zudem bei Wettbewerben besonders ausgezeichnet wurden.

Der Durchbruch ließ nicht lange auf sich warten, obwohl sich die wirtschaftliche Zukunft mittelfristig als schwierig darstellte. Bestellungen von Flugzeugen aus dem Ausland und speziell die Zusammenarbeit mit Japan und der Sowjetunion halfen dem Werk, zu überleben. Zudem zeichnete sich zwischen 1929 und 1932 bereits der bevorstehende Aufbau deutscher Luftstreitkräfte ab. Nun entstanden Baumuster wie beispielsweise die He 45, 46, 50, 52, 59, 60 und 72. Das »Blitzflugzeug«, die He 70, setzte Maßstäbe und führte schließlich zum Standardbomber He 111. Bereits 1932 waren die Heinkel-Flugzeugwerke zum größten Industriebetrieb in Mecklenburg geworden. Das »Heinkel-Tempo« wurde sprichwörtlich.

Ab Anfang der dreißiger Jahre begann die Entwicklung des Bombers- und Verkehrsflugzeugs He 111 sowie des Seeflugzeugs He 115. Maschinen wie die He 112, 114, 118 oder 119 konnten sich dagegen – obwohl teilweise sehr modern ausgelegt – nicht beim RLM durchsetzen. 1935 wurde das neue Werk in Rostock-Marienehe, das über einen eigenen Werksflugplatz verfügte, eröffnet. Am 01.05.1936 folgte die Gründung der Heinkel-Werke GmbH mit Produktionsstätten in Germendorf, einem Stadtteil Oranienburgs, sowie im Raum Berlin. Nach dem »Anschluss Österreichs« wurde das Jenbacher Berg- und Hüttenwerk 1939 von Ernst Heinkel erworben. Ende 1939 begann im besetzten Polen der Aufbau der Vereinigten Ostwerke GmbH in Krakau und Mielec. Bald folgten die Hirth-Motorenwerke in Stuttgart zum Unternehmen. Der Einstieg in neue Techniken, wie des Strahl- und Raketenflugs mit der He 176 und He 178, setzte zwar Maßstäbe, doch die Zeit war noch nicht reif, das Reichsluftfahrtministerium (RLM) misstraute der neuen Technik und lehnte sie vorerst ab.

Ab Sommer 1940 übte die Wirtschaftsführung zunehmend ernste Kritik an der Leistungsfähigkeit der neuen Heinkel-Entwürfe, die immer weniger den Anforderungen der Luftwaffe genügten. Aus diesem Grund erwog das RLM sogar die Ju 88-Lizenzproduktion. Die He 111 wurde längst als »alter Hase« angesprochen, während die Entwicklung der He 177 damals noch immer auf der Stelle trat. In der Werksleitung wurden die eigenen Möglichkeiten, Fertigungs- und Entwicklungskapazitäten überschätzt. Man expandierte und orientierte sich an weiterführenden Ideen Ernst Heinkels. Bereits 1941 befasste sich das Konstruktionsbüro intensiv mit dem Entwurf moderner Strahlbombern, wie dem Heinkel-Projekt (P) 1063 und Großbombern, etwa der P 1064. Zahlreiche andere Arbeiten (He 274) wurden notgedrungen nach Frankreich vergeben und zogen sich dort in die Länge.

Im Frühsommer 1942 begann die Planung der Verlagerung wesentlicher Werksteile aus dem Raum Rostock nach Hirschberg (Schlesien), um so alliierten Luftangriffen zu entgehen. Hierzu kam es jedoch nicht. Nach langwierigen Vorarbeiten wurde am 11.07.1942 der Gesamtbereich Entwicklung von Rostock nach Wien verlegt und trug später die Werksbezeichnung Heinkel-Süd.

Gleichzeitig konzipierte Heinkel den »Arbeitsbomber« (He P 1066), welcher alle bisherigen mittleren Kampfflugzeuge ablösen sollte. Die gleichzeitigen Arbeiten an der Serienreife der He 177, He 219, He 274 und He 280 stellte Heinkel vor schier unlösbare Aufgaben. Im Herbst 1942 musste sich Ernst Heinkel beim RLM für die Rückstände in den Lieferprogrammen rechtfertigen, wobei er vorschnell Heinrich Hertel und dem RLM wegen zahlreicher Wünsche die Schuld gab. Dennoch wurde Heinrich Hertel im Dezember 1942 zum Kommissar für die He 177 berufen. Die Streichung der fertigen He 280 zugunsten der unausgereiften Me 262 durch das RLM galt intern als ein Desaster. Auch die ständig wechselnden Vorgaben und Änderungswünsche des Ministeriums, aber auch einige Konstruktionsmängel, verzögerten in der Folge den Serienbau des Bombers He 177.

Viel Entwicklungsarbeit steckte sowohl in der He 177, als auch der He 280. (Creek)

Der bei Kriegsende verwüstete He 162-Musterbau in der Seegrotte bei Mödling. (Heinkel)

Trotz anhaltender Rückstände wurden neue Schwerpunkte gesetzt. Der leistungsfähige Nachtjäger He 219 fand von Anfang an nicht genügend Aufmerksamkeit im RLM. Ab 1943 setzte die Rüstungssteuerung den individuellen Ideen Ernst Heinkels ein jähes Ende. Aus allen Werken wurde die Ernst Heinkel AG, als deren Vorstandsvorsitzender Ernst Heinkel von nun an eingesetzt wurde, gebildet. Als linientreuer Generaldirektor fungierte Karl Frydag, doch die Ressourcen des Reiches schwanden, so dass die Produktion von Kampfflugzeugen sank und ab Mitte 1944 nahezu ganz eingestellt werden musste. Moderne Jagdflugzeuge standen nun im Vordergrund. Noch dazu führten Luftangriffe am 20.02.1944 sowie am 25.08.1944 auf das Werk Rostock dazu, dass die Produktion noch stärker disloziert werden musste. Es entstanden zahlreiche größere und kleinere Ausweichbetriebe, beispielsweise in Barth, Rövershagen, Krakow am See, in Güstow oder der Untertagebetrieb in Straßfurt.

Die Aufgabe der französischen Fertigungsstätten und der Einbruch der Ostfront beendeten die dortigen Heinkel-Aktivitäten. Mehrere Großangriffe auf die Heinkel-Werke im Stadtbereich von Wien, aber auch auf Schwechat und Zwölfaxing, führten zu starken Einbrüchen bei der Entwicklung auch der He 162 und zur Aufgabe der He 219-Produktion, deren Fertigung am 25.05.1944 eingestellt werden sollte, aber in geringer Stückzahl weiter lief. Ende März 1945 musste der Raum Wien geräumt werden. Ernst Heinkel und sein Team zogen sich zunächst ins Tiroler Jenbach zurück. Am 15.04.1945 traf das Konstruktionsbüro in Landsberg am Lech ein und ging dort in amerikanische Gefangenschaft. Am 01.05.1945 wurde Rostock und damit die Heinkel-Werke Nord von der Roten Armee besetzt. Der Flugzeugbau in Deutschland fand . neut sein Ende. Was nicht zu demontieren war, wurde von den Besatzungsmächten gesprengt.

Der kriegsbedingte Verlust der meisten Produktionseinrichtungen im In- und Ausland war für Ernst Heinkel ebenso gravierend. Dennoch setzte der Neubeginn schon 1949 im Geheimen ein. Anfragen, die aus dem Ausland kamen, ließen hoffen. Doch behinderte Kapitalmangel die Arbeiten in Stuttgart-Zuffenhausen. Der Betrieb arbeitete angesichts der allgemeinen Lage längst nicht rentabel und wies eine zu geringe Auslastung auf. Ab 1950 begann Ernst Heinkel mit dem Aufbau eines Entwicklungsteams in der Schweiz. 1953 fanden sich dort bereits 130 Ingenieure und Spezialisten zusammen. Arbeiten für Jugoslawien und Ägypten brachten wieder Gewinne, aber auch Probleme mit Steuerämtern. Mit neuen Werken wie der Heinkel-Motorenbau GmbH in Karlsruhe und der Ernst Heinkel Fahrzeugbau GmbH in Speyer begann der Aufschwung.

Als im Herbst 1955 das Bundesministerium der Verteidigung (BMVg) seine Beschaffungswünsche für die neue Bundesluftwaffe (GAF) festlegte, standen größere Investitionen an. Bei Heinkel folgte ab 1957 die Lizenzproduktion der Fouga Magister und anschließend, der Nachbau von Fiat G-91- und F-104 G-Jets. Mit Messerschmitt wurde – auf Drängen des Wirtschaftsministeriums – die Flugzeug-Union-Süd gebildet. Die Konstruktion Heinkels gewann bereits im Juli 1957 die Ausschreibung für einen modernen VTOL-Strahljäger. Dessen Produktion scheiterte allerdings an politisch gebotenen Rüstungskäufen in den USA. Am 30.01.1958 verstarb Ernst Heinkel in Stuttgart. Vielversprechende Projekte, wie das Verkehrsflugzeug He 211, scheiterten wegen zu geringer Förderung durch den Bund. Heinkel wurde Teil des Entwicklungsrings Süd (EWR), dessen Senkrechtstarter VJ-101 C einer Änderung der militärischen Strategie zum Opfer fiel. Anschließend wurde der EWR Teil von Messerschmitt-Bölkow-Blohm (MBB) und ging am Ende in der EADS auf. An Heinkel erinnert heute die 1974 gegründete Heinkel Group, ein wichtiger Ingenieurdienstleister im Bereich der Entwicklung von Flugzeugteilen, deren Inneneinrichtung und für Offshore-Windenergieanlagen.

Dem Nachfolger der Fouga »Magister« war kein Erfolg beschert. (Heinkel)

Produktionszahlen

HE 1	ca. 20
HE 2	6
HE 3	3
HE 4	1 und 6 (Lizenz)
HE 5	17 und 36 (Lizenz)
HE 6	1
HE 7	1
HE 8	ca. 25 (Lizenz)
HE 9	14
HE 10	2
HE 12	1
HD 14	1
HD 15	1
HD 16	2
HD 17	9
HE 18	2
HD 19	6
HD 20	1
HD 21	15
HD 22	46
HD 23	1
HD 24	30
HD 25	2 und 16 (Lizenz)
HD 26	2
HD 27	1
HD 28	1
HD 29	1
HD 30	2
HD 31	1
HD 32	11
HD 33	1
HD 34	1
HD 35	2
HD 36	21
HD 37	134
HD 38	27
HD 39	1
HD 40	3
HD 41	4
HD 42/He 42	223
HD 43	4
HD 44	1
HD 45/He 45	ca. 505
HD 46/He 46	ca. 465
HD 47	---
HD 48	---
HD 49	1 und 3 (im Bau)
HD 50/He 50	ca. 120
HD 51/He 51	ca. 485
HD 52	---
HD 53	---
HD 54	---
HD 55	ca. 20
HD 56	13
HE 57	1
HE 58	1
HD 59/He 59	ca. 165
HD 60/He 60	ca. 360
HE 64/He 64	7
HE 70/He 70	ca. 320
He 72	ca. 790
He 74	3
He 100	ca. 25
He 111	ca. 7.695
He 112	ca. 115
He 114	124
He 115	ca. 210
He 116	28
He 118	13
He 119	6
He 162	116 und 200+ im Bau
He 170	1 und 18 (Lizenz)
He 172	2
He 175	1 und 2 im Bau
He 177	1.146 und 50+ im Bau
He 178	1 und 1 im Bau
He 219	ca. 350
He 270	1
He 274	2
He 280	5 und 7 im Bau
He 343	3 im Bau
He P 1065	---
He P 1076	---
He P 1077	3 und 12 im Bau
He P 1078	---
He »Lerche«	---
He »Wespe«	---

Arbeiten ab 1955

CM 170 R	Teilefertigung
CM 191	2
Fiat G-91	Teilefertigung
F-104 G	Teilefertigung
He 011, 021, 031	---
He 231	---
He 111	---
He 211	---
He 212	---
VJ-101 C	2

HE 1

Unter größtmöglicher Geheimhaltung entstand ab 1921 aus dem Caspar-Seeflugzeug S 1 der spätere Heinkel-Eindecker (HE) 1. Die nahe bei Stockholm für die schwedischen Streitkräfte eingeflogenen Maschinen wurden anschließend an die Marine ausgeliefert und in der Seeaufklärung eingesetzt. Der erste, verdeckte Auftrag über zehn HE 1-Schwimmerflugzeuge (Werk Nrn. 202 bis 211) für die deutsche Reichsmarine erging im Januar 1923. Die einmotorigen Maschinen wurden in Warnemünde produziert und anschließend demontiert. Ab dem 11.07.1923 wurden sie eingeflogen und bei der Svenska Aero AB in Stockholm eingelagert. Ab 1926 trafen die offiziell für Argentinien bestimmten Seeflugzeuge in Travemünde ein. Als Halter wurde die Tarnfirma »Severa« (später: Luftdienst) offiziell eingetragen. Insgesamt wurden etwa 20 HE 1, die mit unterschiedlichen Motoren ausgerüstet waren, gebaut.

Flugzeugtyp:	HE 1
Verwendungszweck:	Seeaufklärer
Besatzung:	2
Passagiere:	---
Triebwerke:	1 x Maybach Mb IVa (1 x 265 kW, 260 PS)
Spannweite:	17,50 m
Länge:	12,65 m
Höhe:	3,90 m
Flügelfläche:	52,55 m²
Höchstgeschwindigkeit:	185 km/h in Bodennähe
Dauergeschwindigkeit:	145 km/h
Landegeschwindigkeit:	85 km/h
Steigzeit auf 2.000 m:	14 min
Leermasse:	1.870 kg
Flugmasse:	2.420 kg
Dienstgipfelhöhe:	4.000 m
Reichweite:	620 km
Bewaffnung:	keine

*Die HE (»**H**einkel-**E**indecker«) 1 (D-939) ging im Februar 1934 verloren. (Heinkel)*

HE 2 / S II

Flugzeugtyp:	HE 2 / SII
Verwendungszweck:	Bewaffneter Seeaufklärer
Besatzung:	2
Passagiere:	---
Triebwerke:	1 x Rolls-Royce »Eagle« IX (1 x 265 kW, 360 PS)
Spannweite:	17,50 m
Länge:	12,65 m
Höhe:	3,90 m
Flügelfläche:	52,55 m²
Höchstgeschwindigkeit:	185 km/h in Bodennähe
Dauergeschwindigkeit:	145 km/h
Landegeschwindigkeit:	85 km/h
Steigzeit auf 2.000 m:	12 min
Leermasse:	1.700 kg
Flugmasse:	2.385 kg
Dienstgipfelhöhe:	5.000 m
Reichweite:	1.050 km
Bewaffnung:	1 x MG Modell 22

Vermutlich konnte sich Ernst Heinkel die Rechte an den bei den Caspar-Flugzeugwerken entstandenen Entwürfen sichern, denn nur so ist es erklärlich, dass diese und andere Konstruktionen (HE 1), die von Ernst Heinkel stammten, offiziell in Schweden nachgebaut wurden. Die wie die HE 1 in Gemischtbauweise konzipierte S II besaß Doppelschwimmer. Der Erstflug der bei der Svenska Aero AB hergestellten S II (Zulassungs-Nr. 44) fand am 05.06.1924 statt. Bis zum 13.07.1925 folgten dort weitere drei Maschinen (Zulassungs-Nr, 45 bis 47), die als S 3 (III) bei den schwedischen Marinefliegern geflogen wurden. Die letzte der ursprünglich vier sowie zwei ab 1926 von der Marine montierten Maschinen wurden bis 1934 geflogen. Die letzten beiden wurden im Juni 1936 außer Betrieb gestellt. Drei der sechs gebauten S II gingen im Flugbetrieb verloren.

Die HE 2 war bei der schwedischen Marine über der Ostsee im Einsatz. (Nowarra)

HE 3

Ab dem 05.05.1922 erlaubten die Alliierten wieder – wenn auch mit Beschränkungen – die Herstellung von Zivilflugzeugen. Ernst Heinkel wandte sich sogleich der Konstruktion des Reise- und Schulflugzeugs HE 3, zu. Die in Warnemünde gebaute Maschine (WerkNr. 201) nahm an der Internationalen Luftfahrtausstellung in Göteborg teil. Die Flächen und Fahrwerk konnten ohne weiteres abgenommen werden. Als Antrieb waren die Siemens-Halske-Motoren Sh 5, 6 oder 12 möglich. Die schwedische Marine bestellte zwei HE 3 (WerkNrn. 212 und 213). Die in Deutschland als D-299 zugelassene HE 3 ging 1924, die einzige in Schweden verbliebene im Jahr 1929 zu Bruch.

Flugzeugtyp:	HE 3
Verwendungszweck:	Reise- und Schulflugzeug
Besatzung:	1
Passagiere:	1 bis 2
Triebwerke:	1 x Siemens-Halske Sh 6 (1 x 74 kW, 100 PS)
Spannweite:	10,40 m
Länge:	7,80 m
Höhe:	2,65 m
Flügelfläche:	18,00 m²
Höchstgeschwindigkeit:	150 km/h
Dauergeschwindigkeit:	120 km/h
Landegeschwindigkeit:	80 km/h
Steigzeit auf 1.000 m:	5,00 min
Leermasse:	600 kg
Flugmasse:	800 kg
Dienstgipfelhöhe:	4.000 m
Reichweite:	350 km
Bewaffnung:	keine

Die dreisitzige HE 3 konnte mit verschiedenen Triebwerken ausgerüstet werden. (Heinkel)

HE 5 a bis f

Der dreisitzige Seeaufklärer, wurde von der DVS vor allem als Schulflugzeug genutzt. Mit dem ersten Musterflugzeug (HE 5a, D-937, WerkNr. 247) siegte Wolfgang von Gronau im Sommer 1926 beim Deutschen Seeflugzeug Wettbewerb (DSW). Mit der nach einem Flugunfall wieder aufgerüsteten Maschine gelangen im November 1926 die ersten Weltrekorde nach dem Ersten Weltkrieg. Es folgten noch 16 weitere Maschinen, von denen die HE 5b einen Gnome&Rhone »Jupiter« VI erhielt. Zwei HE 5c dienten der DVS zur Schulung. Eine HE 5e sowie eine von acht HE 5e erhielt die Sowjetunion. Weitere vier Maschinen der Baureihe HE 5f erwarb die DVS. In Schweden wurden 36 S-5A produziert. Die HE 5 VF (WerkNr. 302) diente Anfang der Dreißiger Jahre in Travemünde zu Versuchszwecken.

Flugzeugtyp:	HE 5e
Verwendungszweck:	Militärisches Schulflugzeug (See)
Besatzung:	1 bis 3
Passagiere:	1 bis 2
Triebwerke:	1 x BMW VI 7,3 Z (1 x 551 kW, 750 PS)
Spannweite:	16,80 m
Länge:	11,80 m
Höhe:	4,20 m
Flügelfläche:	48,95 m²
Höchstgeschwindigkeit:	220 km/h
Dauergeschwindigkeit:	175 km/h
Landegeschwindigkeit:	90 km/h
Steigzeit auf 2.000 m:	7,7 min
Leermasse:	2.000 kg
Flugmasse:	2.900 kg
Dienstgipfelhöhe:	6.000 m
Reichweite:	750 km
Bewaffnung:	1 x Vickers 7,7 mm MG und 2 x Lewis 7,7 mm MG, 160 kg Bomben

Der Seeaufklärer HE 5 erwies sich als sehr robust und leistungsfähig. (Heinkel)

HE 6 a und b

Flugzeugtyp:	HE 6b
Verwendungszweck:	Rekordflugzeug/Seefernaufklärer
Besatzung:	3
Passagiere:	---
Triebwerke:	1 x Packard 3A 2500 (1 x 596 kW, 810 PS)
Spannweite:	18,20 m
Länge:	13,20 m
Höhe:	4,47 m
Flügelfläche:	61,00 m²
Höchstgeschwindigkeit:	205 km/h
Dauergeschwindigkeit:	175 km/h
Landegeschwindigkeit:	125 km/h
Steigzeit auf 1.000 m:	13,9 min
Leermasse:	2.800 kg
Flugmasse:	6.100 kg
Dienstgipfelhöhe:	2.1000–3.000 m
Reichweite:	4.000 km
Bewaffnung:	keine

Mit dem »Ozean-Flugzeug«, der HE 6a, einem Tiefdecker in Gemischtbauweise, strebte Heinkel die Überquerung des Atlantiks an. Mit geheimer Unterstützung der Reichsmarine, die neue Funkgeräte für den Langstreckeneinsatz testen wollte und der Hamburg-Amerika-Linie, die mit etwa 300.000 Mark als Geldgeber fungierte, begann die Entwicklung. Am 02.08.1927 glückte der Erstflug der D-1220 in Warnemünde. Als Triebwerk ersetzte ein stärkerer amerikanischer Reihenmotor mit Vierblatt-Luftschraube den ursprünglich eingebauten BMW VIa, worauf die Maschine die Bezeichnung HE 6b erhielt. Die Überquerung des Atlantiks von den Azoren aus scheiterte wenig später, nachdem es am 13.11.1927 zu einer Notlandung kam, bei der sich die Maschine überschlug und unterging. Die Besatzung konnte sich in letzter Sekunde retten.

Im Jahr 1927 scheiterte die Überquerung des südlichen Atlantiks mit der HE 6. (Dabrowski)

HE 9 a bis d

Das erste Musterflugzeug, die HE 9a (WerkNr. 319, D-1617), wurde Anfang 1929 eingeflogen und im Mai 1929 für die Marine zugelassen. Es folgte die HE 9b (D-1625), die einen etwas leichteren BMW VI besaß. Die HE 9c (D-1688) sowie drei weitere, wurden als Schulmaschinen an die DVS geliefert und zum Teil bei der Severa getestet. Es kam dann zum Bau von zunächst fünf, und später nochmals drei HE 9d, die bei Focke-Wulf entstanden. Die recht leistungsfähigen Maschinen sollten zusammen mit 70 (letztlich nicht gebauten) HE 9 für den »Risiko-Fall« (Kriegsfall) als moderne Kampfflugzeuge bereitgestellt werden und bis dahin »zivilen Verwendungszwecken« dienen. Etwa 1937 wurden die letzten noch vorhandenen HE 9 außer Dienst gestellt, als leistungsstärkere Baumuster zur Verfügung standen.

Flugzeugtyp:	HE 9a
Verwendungszweck:	Musterflugzeug eines Seekampfflugzeugs
Besatzung:	2
Passagiere:	---
Triebwerke:	1 x BMW VI 7,3 ZU (1 x 551 kW, 750 PS)
Spannweite:	16,85 m
Länge:	11.60 m
Höhe:	4,50 m
Flügelfläche:	48,50 m²
Höchstgeschwindigkeit:	260 km/h
Dauergeschwindigkeit:	180 km/h
Landegeschwindigkeit:	90 km/h
Steigzeit auf 4.000 m:	12 min
Leermasse:	2.150 kg
Flugmasse:	3.050 kg
Dienstgipfelhöhe:	5.950 m
Reichweite:	860 km
Bewaffnung:	1 x starres MG 08/15 (geplant), 1 x bewegliches MG 08/15 (geplant)

Die HE 9c (D-1688) flog als Schulmaschine bei der Deutschen Verkehrsfliegerschule. (Heinkel)

HE 10

Die der Navigationsausbildung dienende HE 10 wurde ab 1928 nur in zwei Exemplaren hergestellt. Anfangs gab es Probleme mit deren Stabilität, die jedoch durch Vergrößerung des Leitwerks behoben wurden. Zur Zulassung der HE 10a (WerkNr. 317, D-1662) kam es im Juni 1929. Die zweite und gleichzeitig letzte HE 10b (WerkNr. 318, D-1731) folgte im August 1929. Die Maschinen wurden bei der DVS intensiv für die Erprobung von neuen Funkgeräten und zur Besatzungsschulung eingesetzt. Am 14.01.1931 ging die D-1731 infolge starken Wellengangs beim Start unter, nachdem der Motor heraus gebrochen war. Der Verbleib der HE 10b ist unbekannt.

Flugzeugtyp:	HE 10
Verwendungszweck:	Funkgeräte-Erprobung und Schulflugzeug
Besatzung:	3 bis 5
Passagiere:	---
Triebwerke:	1 x BMW VI 7.3 ZU (1 x 551 kW, 750 PS)
Spannweite:	18,40 m
Länge:	13,10 m
Höhe:	4,60 m
Flügelfläche:	61,00 m²
Höchstgeschwindigkeit:	185 km/h
Dauergeschwindigkeit:	140 km/h
Landegeschwindigkeit:	106 km/h
Steigzeit auf 1.000 m:	12,0 min
Leermasse:	2.450 kg
Flugmasse:	4.850 kg
Dienstgipfelhöhe:	4.000 m
Reichweite:	3.000 km
Bewaffnung:	keine

Die HE 10 diente vor allem der Schulung von Bordfunkern und der Navigationsausbildung. (Heinkel)

HE 12

Als im Jahr 1928 der Flugzeugkatapult K1 erfolgreich getestet worden war, erhielt Heinkel den Auftrag, ein katapultfähiges Seeflugzeug für die Beförderung von 160 kg Post für den Passagierdampfer Bremen zu entwickeln. 1929 wurde ein drehbarer Katapult des Typs K2 auf dessen Oberdeck installiert. Die DVL nahm die Anlage am 14.06.1929 ab, worauf bald darauf, am 10.07.1929, der erste Probeabschuss der HE 12 (WerkNr. 334, D-1717) stattfand. Am 22.07.1929 erfolgte der erste Postflug aus einer Entfernung von 400 km zur amerikanischen Ostküste. Bis Ende 1929 kam es zu sieben Schleuderstarts von der Bremen aus. 1930 erfolgten weitere 18 Flüge. Am 06.10.1931 ging die He 12 in Neuschottland verloren, wobei die Besatzung ums Leben kam.

Flugzeugtyp:	HE 12
Verwendungszweck:	Postflugzeug
Besatzung:	2
Passagiere:	---
Triebwerke:	1 x Pratt&Whittney Hornet A (1 x 368 kW, 500 PS)
Spannweite:	16,80 m
Länge:	11,55 m
Höhe:	4,55 m
Flügelfläche:	48,50 m²
Höchstgeschwindigkeit:	215 km/h in Bodennähe
Dauergeschwindigkeit:	185 km/h
Landegeschwindigkeit:	85 km/h
Steigzeit auf 2.000 m:	7,7 min
Leermasse:	1.000 kg
Flugmasse:	2.600 kg
Dienstgipfelhöhe:	4.000 m
Reichweite:	1.600 km
Bewaffnung:	keine

Zwischen 1929 und 1931 beförderte die HE 12 Post von Schnelldampfern aus. (Dabrowski)

HD 14a

Der Heinkel Doppeldecker (HD) 14 war als Bomber, Fernaufklärer, vor allem aber als Torpedobomber (LT) konzipiert. Die Arbeiten gingen auf eine Ausschreibung Schwedens zurück, die auf einen LT-Träger abzielte. Am 19.08.1924 kam es zum Auftrag für zwei Maschinen, die beide mit einem Fiat-Reihenmotor ausgestattet werden sollten. Das erste Musterflugzeug (WerkNr. 221) wurde im Sommer 1925 nach Schweden geliefert und ab Juli 1925 fliegerisch von der Marine erprobt. Die LT-Würfe scheiterten aufgrund der zu geringen Motorleistung. Mitte 1926 setzte sich dann die Ansicht durch, dass ein luftgekühlter Flugmotor zum Einbau kommen sollte. Am Ende wurde die Maschine an den Hersteller zurückgegeben und dort noch etliche Jahre als Werksflugzeug genutzt.

Flugzeugtyp:	HE 14a
Verwendungszweck:	Kampfflugzeug (See)
Besatzung:	2 bis 3
Passagiere:	---
Triebwerke:	1 x Fiat A-14 (1 x 441 kW, 600 PS)
Spannweite:	19,00 m
Länge:	14,60 m
Höhe:	5,65 m
Flügelfläche:	103,5 m²
Höchstgeschwindigkeit:	175 km/h
Dauergeschwindigkeit:	145 km/h
Landegeschwindigkeit:	90 km/h
Steigzeit auf 1.000 m:	8,6 min
Leermasse:	1.400 kg
Flugmasse:	5.595 kg
Dienstgipfelhöhe:	4.000 m
Reichweite:	1.500 km
Bewaffnung:	1 x bewegliches Maschinengewehr, 1 x Lufttorpedo oder Bomben (bis 900 kg)

*Für den **H**einkel-**D**oppeldecker HD 14, der als Torpedobomber geplant war, fehlten ausreichend starke Flugmotoren. (Heinkel)*

HD 15

Als Bordflugzeug, das insbesondere der Aufklärung dienen sollte, wurde die HD 15 entwickelt. Die in Metallbauweise mit hängendem Motor konzipierte Maschine war katapultfähig. Der Einflug fand ab dem 28.06.1927 durch Wolfgang von Gronau statt. Die anfangs ungenügenden Leistungen der D-1237 beim Steigflug wurden durch eine Rückversetzung der oberen Fläche behoben. Am 27.04.1928 löste sich die Luftschraube und der Motor brach bei der Notwasserung heraus. Das Flugboot wurde geborgen und bei Aero-Sport in Warnemünde repariert, teilweise verbessert und ging im Februar 1929 in den Flugzeugbestand der DLH-Küstenflug über. Anschließend wurde sie an den Reichsverband der deutschen Luftfahrtindustrie (RDL) übergeben und bei deren Seeerprobungsstelle in Travemünde eingesetzt.

Flugzeugtyp:	HD 15
Verwendungszweck:	Versuchsflugzeug und Borderkunder
Besatzung:	3
Passagiere:	---
Triebwerke:	1 x Gnome&Rhone »Jupiter« VI 9AF 5.3 (1 x 368 kW, 500 PS)
Spannweite:	12,40 m
Länge:	11,90 m
Höhe:	4,25 m
Flügelfläche:	44,00 m²
Höchstgeschwindigkeit:	170 km/h
Dauergeschwindigkeit:	135 km/h
Landegeschwindigkeit:	85 km/h
Steigzeit auf 2.000 m:	8,7 min
Leermasse:	1.450 kg
Flugmasse:	2.300 kg
Dienstgipfelhöhe:	4.350 m
Reichweite:	1.250 km
Bewaffnung:	keine

Das Bordflugzeug HD 15 war vor allem bei der Roten Flotte im Einsatz. (LMG)

HD 16 W

Nachdem sich die HD 14 wegen zu geringer Leistungen nicht bewährt hatte, versuchte es Heinkel mit der stärker motorisierten HD 16, einem Schwimmerflugzeug, das auch als Landflugzeug angeboten wurde. Am 27.04.1928 bestellte Schweden zwei Musterflugzeuge. Dem ersten Doppeldecker (WerkNr. 308) folgte in Warnemünde auch der zweite Prototyp (WerkNr. 309). Ende des Jahres trafen beide auf dem Seefliegerhorst in Karlskrona (Schweden) ein, wo es zu ersten LT-Würfen kam. Die Maschinen erhielten die Bezeichnung T1 und trugen die schwedischen Dienstnummern 20 und 21. Bis zur Lieferung der He 115 waren sie bei den Marinefliegern im Einsatz und wurden im Februar 1938 (WerkNr. 309) und im Mai 1939 (WerkNr. 308) aus dem aktiven Flugdienst genommen.

Flugzeugtyp:	HD 16 W
Verwendungszweck:	LT-Bomber
Besatzung:	2
Passagiere:	---
Triebwerke:	1 x Armstrong-Siddeley »Leopard« (1 x 551 kW, 750 PS)
Spannweite:	18,00 m
Länge:	13,00 m
Höhe:	5,25 m
Flügelfläche:	96,90 m²
Höchstgeschwindigkeit:	190 km/h
Dauergeschwindigkeit:	140 km/h
Landegeschwindigkeit:	85 km/h
Steigzeit auf 1.000 m:	7,0 min
Leermasse:	2.575 kg
Flugmasse:	4.570 kg
Dienstgipfelhöhe:	3.250 m
Reichweite:	1.000 km
Bewaffnung:	1 x bewegliches Maschinengewehr, 1 x LT Modell m/17

Das Schwimmerflugzeug HD 16 W wurde nach Schweden exportiert. (Dabrowski)

HE 18

Als Schul-, Sport und Reiseflugzeug arbeitete Heinkel an einem abgestrebten Tiefdecker, der mit unterschiedlichen Flugmotoren ausgerüstet werden konnte. Die Motoren ließen sich zur Wartung zur Seite klappen. Die HD 18 war überdies leicht zerlegbar und baute auf den Erfahrungen mit der früheren HE 3 auf. Trotz allem wurden nur zwei Musterflugzeuge gebaut. Die Zelle der Ersten (WerkNrn. 214, D-475) wurde ohne Motor für die Akaflieg der TH Braunschweig erworben und dort als »Braunschweig« ab Sommer 1924 geflogen. Am 18.10.1929 ging das Flugzeug zu Bruch. Die zweite Maschine (WerkNr. 215, D-596) erhielt einen Siemens-Halske (Sh) 5 und ging bereits früher, am 23.05.1925, bei einem Flugunfall verloren.

Flugzeugtyp:	HE 18 L
Verwendungszweck:	Schul- und Reiseflugzeug
Besatzung:	1
Passagiere:	1
Triebwerke:	1 x Junkers L-1b (1 x 63 kW, 85 PS)
Spannweite:	11,10 m
Länge:	7,20 m
Höhe:	2,70 m
Flügelfläche:	17,45 m²
Höchstgeschwindigkeit:	145 km/h
Dauergeschwindigkeit:	115 km/h
Landegeschwindigkeit:	80 km/h
Steigzeit auf 1.000 m:	12,0 min
Leermasse:	490 kg
Flugmasse:	720 kg
Dienstgipfelhöhe:	2.700 m
Reichweite:	500 km
Bewaffnung:	keine

Infolge der wirtschaftlichen Situation wurden von der HD 16 nur zwei Maschinen gebaut. (Heinkel)

HD 19 L und W

Als Aufklärungsflugzeug und zweisitziger Jäger entstand im Rahmen eines schwedischen Auftrags ab Sommer 1927 die HD 19. Zunächst wurden zwei Musterflugzeuge (WerkNrn 295 und 296) gebaut und mit Bristol Jupiter Vi-Sternmotoren ausgerüstet. Die Maschinen konnten außer mit zwei Schwimmern auch mit einem Rad- oder Kufenfahrwerk ausgerüstet werden. Der Einflug fand im Juli 1928 statt, einen Monat später wurden die ersten HD 19 nach Schweden geliefert und dort als Jagdflugzeuge getestet. Am 03.10.1928 kam es zur Bestellung weiterer vier HD 19 (WerkNrn. 58 bis 61) bei der Svenska Aero AB. Die sechs Maschinen gehörten als J 4, ab Sommer 1929 zum Bestand der Staffel F.2. Aufgrund der geringen Flugleistungen wurden sie zumeist zu Aufklärungszwecken eingesetzt und dienten ab 1937/38 nur noch zu Ausbildungszwecken.

Flugzeugtyp:	HD 19 L
Verwendungszweck:	Jagd- und Aufklärungsflugzeug
Besatzung:	2
Passagiere:	---
Triebwerke:	1 x Bristol »Jupiter« VI (1 x 294 kW, 400 PS)
Spannweite:	11,00 m
Länge:	8,50 m
Höhe:	3,45 m
Flügelfläche:	31,60 m²
Höchstgeschwindigkeit:	225 km/h
Dauergeschwindigkeit:	165 km/h
Landegeschwindigkeit:	85 km/h
Steigzeit auf 2.000 m:	4,2 min
Leermasse:	1.000 kg
Flugmasse:	1.560 kg
Dienstgipfelhöhe:	7.500 m
Reichweite:	840 km
Bewaffnung:	2 x starre Maschinengewehre, 1 x bewegliches Maschinengewehr

Der Aufklärer HD 19 kam vor allem in Schweden zum Einsatz. (Dabrowski)

HD 20

Flugzeugtyp:	HD 20
Verwendungszweck:	Lichtbildflugzeug
Besatzung:	3
Passagiere:	---
Triebwerke:	2 x Wright »Whirlwind« (2 x 147 kW, 200 PS)
Spannweite:	12,80 m
Länge:	9,50 m
Höhe:	3,50 m
Flügelfläche:	39,80 m²
Höchstgeschwindigkeit:	190 km/h
Dauergeschwindigkeit:	145 km/h
Landegeschwindigkeit:	90 km/h
Steigzeit auf 1.000 m:	4,2 min
Leermasse:	1.300 kg
Flugmasse:	1.950 kg
Dienstgipfelhöhe:	4.500 m
Reichweite:	800 km
Bewaffnung:	keine

Im Auftrag des deutschen Reichsverkehrsministeriums (RVM) wurde 1926 ein zweimotoriges Aufklärungsflugzeug erstellt. Offiziell galt die Maschine (WerkNr. 1157) als Lichtbild- und FT-Flugzeug. Die HD 20 war auch für die Verwendung als Schwimmerflugzeug eingerichtet. Als Halter traten die Albatros-Flugzeugwerke auf, unter deren Namen die Reichswehr militärisch nutzbare Flugzeuge erprobte. Ab 1928 befand sich die Maschine bei der DVL in Berlin-Adlershof. Anschließend kam sie wieder nach Warnemünde zurück, von wo aus sie am 21.11.1929 nach Rechlin startete. Beim Überführungsflug kam es zu Problemen mit dem linken Sternmotor. Bei der anschließenden Notlandung wurde die Maschine erheblich beschädigt.

Das zweimotorige Kampfflugzeug HD 20 entstand unter größter Geheimhaltung. (Heinkel)

HD 22

Das Mehrzweck-Kampfflugzeug HD 22, das vor allem als Aufklärer dienen sollte. Das Musterflugzeug (WerkNr. 252, D-1096) wurde 1926 fertiggestellt. Die zweite HD 22 (WerkNr. 258, D-1168) wurde im selben Jahr flugklar und flog bei der DVL in Adlershorst. Später stießen beide Maschinen zur DVS. Die dritte HD 22 wurde von den Manfred Weiss Stahl- und Metallwerken in Budapest erworben. Es folgten dort 43 HD 22, von denen die erste im Mai 1928 fertiggestellt wurde. Ein Auftrag über zehn Maschinen für die schwedischen Streitkräfte platzte indessen. Die in Sòstò (Ungarn) produzierten Maschinen erhielten Gnome& Rhone »Titan II«-Motoren. Die letzten drei dort hergestellten HD 22 wurden als militärische Übungsflugzeuge genutzt, während eine andere vom amerikanischen Luftfahrtattaché geflogen wurde.

Flugzeugtyp:	HD 22
Verwendungszweck:	Aufklärer und Mehrzweck-Schul-/Reiseflugzeug
Besatzung:	1 bis 2
Passagiere:	1
Triebwerke:	1 x Gnome&Rhone »Titan« II (1 x 184 kW, 250 PS)
Spannweite:	12,00 m
Länge:	7,80 m
Höhe:	3,7 m
Flügelfläche:	34,80 m²
Höchstgeschwindigkeit:	200 km/h
Dauergeschwindigkeit:	140 km/h
Landegeschwindigkeit:	80 km/h
Steigzeit auf 2.000 m:	10,3 min
Leermasse:	793 kg
Flugmasse:	1.275 kg
Dienstgipfelhöhe:	4.500 m
Reichweite:	650 km
Bewaffnung:	keine

Ab 1928 diente die HD 22 vor allem zur Fortgeschrittenen-Schulung. (Dabrowski)

HD 23/H

Für den Einsatz von Flugzeugträgern aus, entwickelte Heinkel das Jagdflugzeug HD 23. Die japanische Marine forderte im April 1926 in ihrer Ausschreibung eine solche Maschine, die bei Heinkel zunächst nur als Musterflugzeug (WerkNr. 257) hergestellt werden sollte und einen Hispano-Suiza-Motor erhielt. Später wurde dieser gegen einen BMW VI ausgetauscht. Eine auf dem Wasser notgelandete HD 23 sollte – infolge ihres wasserdichten Rumpfs sowie dank spezieller Flächen – längere Zeit schwimmfähig bleiben. Die Mustermaschine wurde einer japanischen Abnahmekommission in Warnemünde vorgeführt und im August 1927 nach Japan exportiert. Wegen Stabilitätsproblemen kam es 1928 nicht zur Lizenzfertigung der in Japan als Typ H bezeichneten Maschine.

Flugzeugtyp:	HD 23
Verwendungszweck:	Jagdflugzeug für den Trägereinsatz
Besatzung:	1
Passagiere:	---
Triebwerke:	1 x Hispano-Suiza 12 Ha (1 x 243 kW, 330 PS)
Spannweite:	10,80 m
Länge:	7,50 m
Höhe:	3,90 m
Flügelfläche:	36,00 m²
Höchstgeschwindigkeit:	250 km/h in Bodennähe
Dauergeschwindigkeit:	155 km/h
Landegeschwindigkeit:	90 km/h
Steigzeit auf 1.000 m:	2,0 min
Leermasse:	1.450 kg
Flugmasse:	2.100 kg
Dienstgipfelhöhe:	7.500 m
Reichweite:	--- km
Bewaffnung:	2 x starre 7,7 mm Maschinengewehre und 2 x 30 kg Abwurflasten

Für die japanische Marine entstand die einsitzige HD 23. (LMG)

HD 24

Die Heinkel HD 24 belegte während des deutschen Seeflugwettbewerbs im Jahr 1926 den dritten Platz. Zunächst gab es nur zwei Versuchsmuster (WerkNrn. 249 und 250), denen 1926 vier Schwimmerflugzeuge folgten. Ihr Einflug begann ab November 1926, worauf beide nach Schweden überführt wurden. Sie dienten dort der Vorbereitung des Lizenzbaus von 16 HD 24. Die zunächst verwendeten Daimler D-IIIa wurden 1930 in Schweden durch britische Armstrong-Siddeley »Puma«-Triebwerke ersetzt. In Deutschland erhielt die HD 24 ab WerkNr. 278 BMW Va-Reihenmotoren. Außerdem wurden die Treibstoffanlage sowie die Flächen leicht geändert. Im Sommer 1927 bestellte das Reichsverkehrsministerium acht HD 24. Mit einer flog Günther Plüschow (D-1313), eine andere war für den Export nach China vorgesehen.

Flugzeugtyp:	HD 24 W
Verwendungszweck:	Schul- und Reiseflugzeug
Besatzung:	1
Passagiere:	1
Triebwerke:	1 x BMW Va (1 x 176 kW, 240 PS)
Spannweite:	14,20 m
Länge:	9,65 m
Höhe:	4,20 m
Flügelfläche:	50,10 m²
Höchstgeschwindigkeit:	178 km/h
Dauergeschwindigkeit:	135 km/h
Landegeschwindigkeit:	75 km/h
Steigzeit auf 2.000 m:	9,3 min
Leermasse:	1.500 kg
Flugmasse:	2.150 kg
Dienstgipfelhöhe:	4.000 m
Reichweite:	610 km
Bewaffnung:	keine

Die HD 24W schnitt beim Seeflugwettbewerb 1926 gut ab. (Lange)

HD 25

Der für die Kaiserlich-Japanische Marine entwickelte Borderkunder, die HD 25, entstand ab Anfang 1925. Erfolgreiche Tests mit der HD 25 (WerkNr. 223) fanden von einem extra dafür hergerichteten Geschützturm des Schlachtschiffs Nagato aus statt. Hierzu genügte allein eine extrem kurze Startbahn sowie ein kleiner Startwagen. Eines der Musterflugzeuge (WerkNr. 222) war bereits vorher bei der Erprobung zu Bruch gegangen. Von der Maschine fertigte Aichi zwischen 1926 und 1928 insgesamt 16 Flugzeuge als Typ 2 »Zweisitziger Seeaufklärer« in Lizenz. Außerdem erhielten zwei japanische Kreuzer die eigens von Heinkel konzipierte Startanlage. Darüber hinaus wurden 1930 einige HD 25 zu leichten »Transportflugzeugen« für zwei Fluggäste hergerichtet.

Flugzeugtyp:	HD 25
Verwendungszweck:	Borderkunder
Besatzung:	2
Passagiere:	---
Triebwerke:	1 x Napier »Lion« (1 x 331 kW, 450 PS)
Spannweite:	14,85 m
Länge:	9,60 m
Höhe:	4,3 m
Flügelfläche:	55,80 m²
Höchstgeschwindigkeit:	190 km/h
Dauergeschwindigkeit:	145 km/h
Landegeschwindigkeit:	78 km/h
Steigzeit auf 2.000 m:	6,2 min
Leermasse:	1.550 kg
Flugmasse:	2.510 kg
Dienstgipfelhöhe:	5.800 m
Reichweite:	900 km
Bewaffnung:	1 x bewegliches Maschinengewehr, 4 x 40 kg Abwurflasten

Die HD 25 wurde in Japan in Lizenz produziert. (Heinkel)

HD 26

Die HD 26 baute auf dem Entwurf der HD 25 auf und sollte wie die HD 25 als Bordjäger für Schiffe der Japanischen Marine dienen. Bei dem Entwurf handelte es sich um einen abgestrebten Doppeldecker mit Doppelschwimmer. Zunächst wurden zwei Musterflugzeuge (WerkNrn. 224 und 225) in Warnemünde erstellt und per Schiff nach Japan geliefert. Da die Maschinen als Jagdflugzeuge nicht wendig genug waren, wurde aus der HD 26 ein zweisitziger Seeaufklärer, für den man Aichi eine Lizenz zum Nachbau erteilte. Die taktische Erprobung fand auf dem Schlachtschiff Nagato und dem Kreuzer Furutaka statt. Zur Lizenzproduktion kam es jedoch nicht, da absehbar war, dass bald stärker bewaffnete Maschinen zur Verfügung stehen würden.

Flugzeugtyp:	HD 26
Verwendungszweck:	Bordjäger und Bordaufklärer
Besatzung:	2
Passagiere:	---
Triebwerke:	1 x Nakajima (Bristol) »Jupiter« VI (1 x 313 kW, 425 PS)
Spannweite:	11,80 m
Länge:	8,45 m
Höhe:	3,60 m
Flügelfläche:	37,80 m²
Höchstgeschwindigkeit:	210 km/h
Dauergeschwindigkeit:	140 km/h
Landegeschwindigkeit:	85 km/h
Steigzeit auf 2.000 m:	7,6 min
Leermasse:	1.150 kg
Flugmasse:	1.600 kg
Dienstgipfelhöhe:	5.250 m
Reichweite:	900 km
Bewaffnung:	1 x starres Maschinengewehr (7,7 mm)

Das Schwimmerflugzeug HD 26 galt in Japan nur als Übergangslösung. (Heinkel)

HD 27

Anfang 1925 ging bei Heinkel der Auftrag zur Entwicklung eines zweisitzigen Postflugzeugs ein. Die Maschine sollte leicht zu warten und im Falle einer Notlandung auf freiem Feld einfach zu zerlegen sein. Durch den Einbau eines »Liberty«-Motors, sollte die HD 27 eine Nutzlast von knapp 600 kg befördern können. Nach weniger als zwei Monaten war das in Gemischtbauweise erstellte Postflugzeug (WerkNr. 226) eingeflogen und konnte in die USA befördert werden. Die HD 27 war speziell für den Flugbetrieb bei Nacht ausgerüstet worden und bot im Notfall für eine zweite Person Platz. Die einzige HD 27 war als »Night Hawk« noch bis 1928 im Luftpostdienst und fiel in ihrem Abstellhangar den Folgen eines Wirbelsturms zum Opfer.

Flugzeugtyp:	HD 27
Verwendungszweck:	Postflugzeug
Besatzung:	1 bis 2
Passagiere:	0 bis 1
Triebwerke:	1 x Liberty (1 x 294 kW, 400 PS)
Spannweite:	13,60 m
Länge:	9,20 m
Höhe:	3,90 m
Flügelfläche:	51,60 m²
Höchstgeschwindigkeit:	205 km/h in Bodennähe
Dauergeschwindigkeit:	180 km/h
Landegeschwindigkeit:	80 km/h
Steigzeit auf 1.000 m:	4,0 min
Leermasse:	1.275 kg
Flugmasse:	2.350 kg
Dienstgipfelhöhe:	6.500 m
Reichweite:	800–980 km
Bewaffnung:	keine

Leichte Wartungsmöglichkeiten zeichneten das Postflugzeug HD 27 aus. (Heinkel)

HD 28

Das einzige HD 28-Schwimmerflugzeug war 1927 für die Marine vorgesehen und sollte vor allem als Aufklärer (See) zum Einsatz gelangen. Durch die Möglichkeit die Flächen bei zu klappen, hätte sich die HD 28 hervorragend für die Verwendung auf größeren Kriegsschiffen geeignet. Wie damals üblich, konnten die Edelstahl-Schwimmer ohne weiteres gegen ein Radfahrwerk ausgetauscht werden. Die aus Tarnungsgründen als Reise- und Sportflugzeug bezeichnete HD 28 wurde ab dem 27.08. 1927 bei der DVL in Warnemünde erprobt. Ein Angebot an die japanische Marine war nicht vom Erfolg gekrönt, da die Sichtverhältnisse für die Besatzung und das vorgeschlagene französische Triebwerk nicht als zufriedenstellend beurteilt wurden. Der beabsichtigte Lizenzbau bei Aichi fand daher nicht statt.

Flugzeugtyp:	HD 28
Verwendungszweck:	Aufklärungflugzeug
Besatzung:	3
Passagiere:	---
Triebwerke:	1 x Lorraine-Dietrich LD 28 III (1 x 515 kW, 700 PS)
Spannweite:	15,00 m
Länge:	11,00 m
Höhe:	4,20 m
Flügelfläche:	59,50 m²
Höchstgeschwindigkeit:	198 km/h
Dauergeschwindigkeit:	170 km/h
Landegeschwindigkeit:	95 km/h
Steigzeit auf 2.000 m:	9,6 min
Leermasse:	2.365 kg
Flugmasse:	3.850 kg
Dienstgipfelhöhe:	4.500–5.500 m
Reichweite:	1.050–1.250 km
Bewaffnung:	2 x starre und 1 x bewegliches Maschinengewehr und max. 210 kg an Bombenlast

Von dem See-Doppeldecker HD 28 entstand nur ein einziges Musterflugzeug. (Dabrowski)

HD 30 a und b

Der zweisitzige, katapultfähige »Flottenerkunder« für die Reichsmarine, die HD 30, galt 1928 als Konkurrenz zur Focke-Wulf W 4. Offiziell wurde die HD 30a als »Hochsee-Krankentransportflugzeug« bezeichnet. Das Musterflugzeug (WerkNr. 288, D-1463) wurde mit einem Gnome&Rhone »Jupiter« bestückt und von der RDL in Travemünde im Geheimen erprobt. Als Halter fungierten die Abteilung Küstenflug, die Severa sowie später die DVL. Nach dem Umbau auf ein Siemens-Triebwerk trug die Maschine die Bezeichnung HD 30b. Das zweite Versuchsmuster (WerkNr. 405, D-2267) flog zunächst bei der Luftdienst GmbH und anschließend ebenfalls in Travemünde. Die Serienfertigung von 212 Flugzeugen war aus politischen Gründen unmöglich.

Flugzeugtyp:	HD 30
Verwendungszweck:	Aufklärungsflugzeug (See)
Besatzung:	2
Passagiere:	---
Triebwerke:	1 x Gnome&Rhone »Jupiter« VI-9 (1 x 331 kW, 450 PS)
Spannweite:	12,40 m
Länge:	11,00 m
Höhe:	4,45 m
Flügelfläche:	46,90 m²
Höchstgeschwindigkeit:	200 km/h
Dauergeschwindigkeit:	155 km/h
Landegeschwindigkeit:	90 km/h
Steigzeit auf 2.000 m:	11,5 min
Leermasse:	1.700 kg
Flugmasse:	2.480 kg
Dienstgipfelhöhe:	4.500 m
Reichweite:	600 km
Bewaffnung:	1 x starres und 1-2 x bewegliche Maschinengewehre

Die zweisitzige HD 30 (D-1463) flog 1933 bei der Deutschen Verkehrsfliegerschule. (Herwig)

HE 31

Die HE 31 war als Jagdzweisitzer in Form eines robusten Schwimmerflugzeugs geplant. Als direkte Weiterentwicklung der von Heinkel konzipierten Tiefdecker mit doppeltem Schwimmer, sollte die HE 31 bis zur Seestärke 3 eingesetzt werden. Das Musterflugzeug (WerkNr. 310, D-1522) wurde 1928 bei der Severa zugelassen. Ab Juni 1929 gehörte die aerodynamisch hochwertige HE 31 zum Flugzeugbestand der DVL. Im Spätsommer folgte der Umbau auf einen Napier »Lion«; anschließend wurde die Erprobung bei der E-Stelle Travemünde fortgesetzt. Die Maschine diente ausschließlich der Erprobung, ansonsten griff die Marine auf die HE 9 mit einem deutschen Flugmotor zurück.

Flugzeugtyp:	HE 31
Verwendungszweck:	Jagdflugzeug (See)
Besatzung:	2
Passagiere:	---
Triebwerke:	1 x Packard 3/A 2500 (1 x 625 kW, 850 PS)
Spannweite:	16,80 m
Länge:	12,50 m
Höhe:	4,50 m
Flügelfläche:	47,90 m²
Höchstgeschwindigkeit:	250 km/h
Dauergeschwindigkeit:	--- km/h
Landegeschwindigkeit:	95 km/h
Steigzeit auf 1.000 m:	2,5 min
Leermasse:	2.250 kg
Flugmasse:	3.150 kg
Dienstgipfelhöhe:	5.000 m
Reichweite:	800–1.000 km
Bewaffnung:	1 x starres und 1-2 x bewegliche Maschinengewehre

Die HE 31 diente vor allem als Testflugzeug für Flugmotoren. (Heinkel)

HD 32

Das Schulflugzeug HD 32 durfte, da es die Alliierte Kontrollkommission als leichtes Zivilflugzeug ansah, gebaut werden. Die Reichswehr sah hinsichtlich der HD 21 und der HD 32 einen Bedarf von ca. 160 Maschinen. Die Maschinen sollten von Heinkel und den Arado-Werken (Lizenzbau) produziert werden, Insgesamt verließen elf Maschinen die Fertigung, von denen vier von Arado stammten. Die Mehrzahl flog bei der Sportflug GmbH und später bei der DVS. Mit einem Flugzeug führte die Akaflieg Berlin – dank einer abdeckbaren Kabine – Blindflüge aus. Die HD 32 konnte mit drei verschiedenen Motoren, darunter den Sh 11 und 12-Reihenmotoren sowie dem Bristol »Lucifer« ausgerüstet werden. Sie erfreute sich großer Beliebtheit bei mindestens vier akademischen Fliegergruppen (Akaflieg).

Flugzeugtyp:	HD 32
Verwendungszweck:	Schulflugzeug
Besatzung:	1 bis 2
Passagiere:	1
Triebwerke:	1 x Bristol »Lucifer« (1 x 81 kW, 110 PS)
Spannweite:	10,50 m
Länge:	6,85 m
Höhe:	3,0 m
Flügelfläche:	23,60 m²
Höchstgeschwindigkeit:	130 km/h
Dauergeschwindigkeit:	110 km/h
Landegeschwindigkeit:	75 km/h
Steigzeit auf 1.000 m:	7,5 min
Leermasse:	525 kg
Flugmasse:	900 kg
Dienstgipfelhöhe:	3.800 m
Reichweite:	ca. 600 km
Bewaffnung:	keine

Von der HD 32 entstanden nur elf Maschinen. (Heinkel)

HD 33

Der Aufklärer HD 33 konnte zudem als leichter Bomber eingesetzt werden und wurde ab 1925 im Auftrag des Reichsverkehrsministerium für die Reichswehr in Auftrag gegeben. Insgesamt war an die Beschaffung von 375 Maschinen gedacht. Auf Grund alliierter Vorgaben gelang es Heinkel nur ein Musterflugzeug (WerkNr. 237, D-1205) in Schweden herzustellen, für das Teile aus Warnemünde geliefert wurden. Im Juli 1925 begann der Einflug des Doppeldeckers HD 33, der in Schweden zur Tarnung als S 21 bezeichnet wurde. Im Mai 1926 kam die einzige HD 33 wieder nach Deutschland zurück und flog bei der DVL als D-1205. Der Bau von 24 HD 33 musste entfallen, da alliierte Bestimmungen diesen nicht zuließen.

Flugzeugtyp:	HD 33
Verwendungszweck:	Mehrzweckkampfflugzeug (Versuch)
Besatzung:	2
Passagiere:	---
Triebwerke:	1 x BMW Via (1 x 515 kW, 700 PS)
Spannweite:	12,80 m
Länge:	9,40 m
Höhe:	4,00 m
Flügelfläche:	43,40 m²
Höchstgeschwindigkeit:	246 km/h
Dauergeschwindigkeit:	200 km/h
Landegeschwindigkeit:	93 km/h
Steigzeit auf 1.000 m:	3,5 min
Leermasse:	1.530 kg
Flugmasse:	2.720 kg
Dienstgipfelhöhe:	6.300 m
Reichweite:	1.200 km
Bewaffnung:	keine

Nur eine Mustermaschine des leichten Kampfflugzeugs HD 33 wurde realisiert. (Heinkel)

HD 34

Für den 2-motorigen Bomber und Fernaufklärer, die HD 34, erging im August 1927 ein geheimer Auftrag der Reichswehr. Natürlich war es auch in diesem Fall das Reichsverkehrsministerium, das ein Land-Mehrzweckkampfflugzeug mit großer Reichweite bestellte. Der zunächst als Attrappe dargestellte Rumpf des künftigen Kampfflugzeugs wurde Ende 1927 besichtigt und bis auf kleinere Änderungen vom Auftraggeber genehmigt. Der Erstflug fand bereits Anfang 1928 statt. Am 25.06.1928 musste die Besatzung infolge eines Motorenausfalls während des Starts, in der Nähe der Arado-Werft, am Breitling-Ufer, notlanden, wobei die HD 34 (WerkNr. 287) zerstört wurde. Der Heinkel-Chefpilot Stephan von Prondzynski kam mit leichten Verletzungen davon.

Flugzeugtyp:	HD 34
Verwendungszweck:	Mehrzweckkampfflugzeug (Versuch)
Besatzung:	3
Passagiere:	---
Triebwerke:	2 x BMW VI 7.3 Z (2 x 551 kW, 750 PS)
Spannweite:	18,00 m
Länge:	11,70 m
Höhe:	4,85 m
Flügelfläche:	85,40 m²
Höchstgeschwindigkeit:	266 km/h
Dauergeschwindigkeit:	--- km/h
Landegeschwindigkeit:	86 km/h
Steigzeit auf 1.000 m:	2,0 min
Leermasse:	3.000 kg
Flugmasse:	4.500 kg
Dienstgipfelhöhe:	7.500 m
Reichweite:	--- km
Bewaffnung:	keine

Der Doppeldecker HD 34 blieb ein Einzelstück. (Heinkel)

HD 35

Speziell für die Schulung von Piloten entwickelte Heinkel bis Ende 1925 die HD 35. Es handelte sich um die Weiterentwicklung der HD 29. Schon im April 1926 bestellte die schwedische Luftwaffe das Musterflugzeug (WerkNr.235), um es auf seine Eignung als Schulmaschine ausgiebig zu testen. Der bis zu dreisitzige, verspannte, inzwischen als Sk 5 bezeichnete Doppeldecker, wurde am 14.06.1929 aus dem Bestand der schwedischen Streitkräfte gestrichen und anschließend bis 1940 zivil (SE-SAM) genutzt. Die Maschine befindet sich heute im schwedischen Luftwaffen-Museum in Malmen. Außerdem stellte Heinkel eine zweite HD 35 (WerkNr. 236, D-1319) her, die ab Ende 1928 von der Akaflieg der TH Hannover geflogen wurde.

Flugzeugtyp:	HD 35
Verwendungszweck:	Schulflugzeug
Besatzung:	1 bis 3
Passagiere:	2 bis 3
Triebwerke:	1 x Daimler D II (1 x 88 kW, 120 PS)
Spannweite:	11,00 m
Länge:	7,50 m
Höhe:	3,10 m
Flügelfläche:	32,50 m²
Höchstgeschwindigkeit:	140 km/h
Dauergeschwindigkeit:	120 km/h
Landegeschwindigkeit:	70 km/h
Steigzeit auf 2.000 m:	22,6 min
Leermasse:	760 kg
Flugmasse:	1.060 kg
Dienstgipfelhöhe:	3.000 m
Reichweite:	--- km
Bewaffnung:	keine

Die HD 35 flog noch 1940 als Schulmaschine. (Heinkel)

HD 36

Als Schulflugzeug für die erste Stufe der militärischen Pilotenausbildung schlug Heinkel den abgestrebten Doppeldecker HD 36, der auf der HD 35 aufbaute, aber mit stärkeren Reihenmotoren bestückt werden konnte, vor. Das erste Musterflugzeug (WerkNr. 273) wurde im Sommer 1927 direkt nach Schweden geliefert. Für die alliierten Kontrolleure handelte es sich um ein Postflugzeug. In Schweden folgte der Lizenzbau von zweimal 10 Maschinen (WerkNrn. 153 bis 162 und 174 bis 183). Die Schulflugzeuge trafen bis Oktober 1930 bei den Luftstreitkräften ein. Ab 1932 wurden die noch vorhandenen Doppeldecker mit einem stärkeren Motor ausgerüstet. Die in Sk 6 umbenannten Doppeldecker wurden bis Ende 1940 geflogen und dann gegen moderneres Fluggerät ausgetauscht.

Flugzeugtyp:	HD 36 (Sk 6A)
Verwendungszweck:	Schulflugzeug für Anfängerschulung
Besatzung:	2
Passagiere:	---
Triebwerke:	1 x Daimler D II (1 x 88 kW, 120 PS)
Spannweite:	10,97 m
Länge:	7,50 m
Höhe:	3,10 m
Flügelfläche:	30,70 m²
Höchstgeschwindigkeit:	130 km/h
Dauergeschwindigkeit:	108 km/h
Landegeschwindigkeit:	70 km/h
Steigzeit auf 1.000 m:	3,7 min
Leermasse:	950 kg
Flugmasse:	1.250 kg
Dienstgipfelhöhe:	5.000 m
Reichweite:	--- km
Bewaffnung:	keine

Das zweisitzige Schulflugzeug HD 36 flog vor allem in Schweden. (Nowarra)

HD 37 a bis c

Das leichte Jagdflugzeug in Doppeldeckerbauweise HD 37 wurde 1928 als »Renn- und Versuchsflugzeug« hergestellt. Am 21.01.1928 hatte die Rote Armee zwei HD 37 (WerkNrn. 291 und 282) bestellt, die ab dem 19.04.1928 eingeflogen und einer sowjetischen Abnahmekommission vorgeführt wurden. Die taktische Erprobung der HD 37a und b lief am 10.07.1928 bei Moskau an. Hierbei stürzte die HD 37a ab. Für die leicht geänderte Ausführung HD 37c, sie besaß ein vergrößertes Leitwerk, erwarb die UdSSR eine Lizenz. Die Fertigung endete bereits nach 131 Maschinen, da die nachgebauten Flugmotoren eine geringere Leistung als der Original-BMW VI aufwiesen. Die in der UdSSR als I-7 bezeichneten HD 37 wurden von der Polikarpow I-5 verdrängt und dienten anschließend vor allem Schulungszwecken.

Flugzeugtyp:	HD 37
Verwendungszweck:	Jagdflugzeug
Besatzung:	1
Passagiere:	---
Triebwerke:	1 x BMW VI 7,3 Z (1 x 551 kW, 750 PS)
Spannweite:	10,00 m
Länge:	7,00 m
Höhe:	3,20 m
Flügelfläche:	26,70 m²
Höchstgeschwindigkeit:	315 km/h
Dauergeschwindigkeit:	275 km/h
Landegeschwindigkeit:	96 km/h
Steigzeit auf 2.000 m:	1,2 min
Leermasse:	1.275 kg
Flugmasse:	1.685 kg
Dienstgipfelhöhe:	8.500–9.500 m
Reichweite:	700 km
Bewaffnung:	2 x starre Maschinengewehre

Der Jagdeinsitzer HD 37b sollte erstmals zwei starre Maschinengewehre erhalten. (Rohrbach)

HD 38 a bis c

Als Jagdflugzeug (See) konzipierte Heinkel den Doppeldecker HD 38, der mit Doppelschwimmern oder einem Radfahrwerk ausgerüstet werden konnte. Von der Maschine wurden mindestens 15 Flugzeuge hergestellt, von denen eines auf die Ausführung a und jeweils sieben als HD 38b und HD 38c fertiggestellt wurden. Gleich mit dem ersten Musterflugzeug (WerkNr. 320, D-1609) stellte Rolf Starke am 07.05.1929 mit knapp 260 km/h einen Geschwindigkeitsrekord auf. Infolge der unsicheren wirtschaftlichen Situation während der folgenden Jahre, verzögerten sich die Arbeiten an der HD 38 bis 1931. Für die »Risiko-Luftwaffe« wurden daher nur zwölf HD 38c bestellt. Ein Flugzeug (WerkNr. 369) wurde im russischen Lipezk getestet und führte erfolgreich Vergleichsflüge mit der Ar 64 aus.

Flugzeugtyp:	HD 38b
Verwendungszweck:	Jagdflugzeug
Besatzung:	1
Passagiere:	---
Triebwerke:	1 x BMW VI 7.3 Z (1 x 551 kW, 750 PS)
Spannweite:	10,00 m
Länge:	8,70 m
Höhe:	4,01 m
Flügelfläche:	30,40 m²
Höchstgeschwindigkeit:	285 km/h
Dauergeschwindigkeit:	190 km/h
Landegeschwindigkeit:	95 km/h
Steigzeit auf 1.000 m:	1,2 min
Leermasse:	1.630 kg
Flugmasse:	2.045 kg
Dienstgipfelhöhe:	6.500 m
Reichweite:	--- km
Bewaffnung:	2 x starre Maschinengewehre

Für den Einsatz über See war die HD 38b konzipiert, die ein neues Seitenleitwerk aufwies. (Heinkel).

HD 39

Als Schnelltransportflugzeug für Presseprodukte entwickelte Heinkel aus dem Doppeldecker HD 27 die HD 39 (WerkNr. 238, D-889), die am 04.02.1926 zugelassen wurde. Dem Erstflug im Frühjahr 1926 folgte die Übergabe an die BZ (Berliner Zeitung). Bis zum 29.03.1927 konnten mit der HD 39, von der nur ein Exemplar in Holzbauweise entstand, 100.000 km zurückgelegt werden. Mit der Maschine sollten aktuelle Zeitungen zu verschiedenen Großstädten und Urlaubsorten gebracht werden. Auch der Abwurf von 50 kg schweren Bündeln war möglich. Im April 1931 lässt sich die Deutsche Lufftfahrt GmbH als Halter nachweisen. Nachdem die Zulassung im Juni 1932 zurückgezogen wurde, kam die Maschine ins Lufftfahrt-Museum und ging dort im Krieg verloren.

Flugzeugtyp:	HD 39
Verwendungszweck:	Transportflugzeug
Besatzung:	2
Passagiere:	---
Triebwerke:	1 x BMW IV (1 x 169 kW, 230 PS)
Spannweite:	14,80 m
Länge:	10,55 m
Höhe:	4,20 m
Flügelfläche:	52,30 m²
Höchstgeschwindigkeit:	166 km/h
Dauergeschwindigkeit:	--- km/h
Landegeschwindigkeit:	70 km/h
Steigzeit auf 2.000 m:	15,4 min
Leermasse:	1.300 kg
Flugmasse:	2.160 kg
Dienstgipfelhöhe:	3.800 m
Reichweite:	--- km
Bewaffnung:	keine

Die HD 39 übernahm für die Berliner Zeitung (BZ) die Auslieferung von Presseprodukten. (Nowarra)

HD 40

Wie die HD 39, war der Doppeldecker HD 40, als Zeitungstransportflugzeug, – diesmal für den Ullstein-Verlag – gedacht. Die Maschine fiel wegen der Metallbauweise schwerer aus und konnte Lasten bis zu 1.000 kg transportieren. Von der HD 40 entstanden zwei Flugzeuge der Version I (WerkNr. 267 und 268) sowie eine der Version II (WerkNr. 274), die offiziell als Verkehrsflugzeug galt, obwohl sie vom Reichswehrministerium als Behelfs-Nachtbomber angesehen wurden. Nach dem Absturz der WerkNr. 267 am 19.05.1927 in Adlershof und der WerkNr. 268 (D-1299) am 27.06.1927 bei Stettin, verblieb nur die dritte HD 40, mit welcher es am 15.7.1928 beim Flug in die UdSSR zu einem schweren Bruch kam. Die Maschine flog nach ihrer Instandsetzung noch bis September 1933.

Flugzeugtyp:	HD 40
Verwendungszweck:	Behelfs-Nachtbomber und Zeitungstransportflugzeug
Besatzung:	2
Passagiere:	04.06.12
Triebwerke:	1 x BMW VI 5.5 (1 x 342 kW, 465 PS)
Spannweite:	17,60 m
Länge:	15,10 m
Höhe:	4,92 m
Flügelfläche:	75,40 m²
Höchstgeschwindigkeit:	163 km/h
Dauergeschwindigkeit:	120 km/h
Landegeschwindigkeit:	85 km/h
Steigzeit auf 1.000 m:	9,5 min
Leermasse:	2.250 kg
Flugmasse:	3.850 kg
Dienstgipfelhöhe:	3.500 m
Reichweite:	625 km
Bewaffnung:	keine

Der als Zeitungsflugzeug getarnte Behelfsnachtbomber HD 40 wurde bis 1933 erprobt. (Nowarra)

HD 41 a bis c

Das leichte Aufklärungsflugzeug HD 41 wurde ab 1926 im Geheimen als leichtes Kampfflugzeug und Heeresaufklärer für die Reichswehr geplant, aber von Heinkel ab 1928 in nur vier Exemplaren gebaut. Die HD 41a (WerkNr. 321, D-1694), flog ab Sommer 1929 bei der E-Stelle in Travemünde (Albatros). Das von einem Siemens »Jupiter« angetriebene zweite Musterflugzeug (HD 41b, WerkNr. 342, D-1795) war ab März 1930 bei der E-Stelle des RDL in Staaken im Einsatz. Die beiden letzten HD 41 gehörten zur Ausführung c und trugen die WerkNrn. 363 (D-1011/D-IBEZ) und 364 (D-2064/D-ILEU). Sie wurden später zur HD 45a und b umgebaut, die anstelle der zunächst geplanten 26 HD 41, in weit größerer Stückzahl vom Band liefen.

Flugzeugtyp:	HD 41a
Verwendungszweck:	Heeresaufklärer
Besatzung:	2
Passagiere:	---
Triebwerke:	1 x BMW VI (1 x 441 kW, 600 PS)
Spannweite:	11,50 m
Länge:	9,95 m
Höhe:	4,10 m
Flügelfläche:	34,60 m²
Höchstgeschwindigkeit:	240 km/h in Bodennähe
Dauergeschwindigkeit:	200–220 km/h
Landegeschwindigkeit:	95 km/h
Steigzeit auf 2.000 m:	6,8 min
Leermasse:	1.780 kg
Flugmasse:	2.280 kg
Dienstgipfelhöhe:	5.000 m
Reichweite:	1.050 km
Bewaffnung:	1 x bewegliches Maschinengewehr

Das Musterflugzeug HD 41b durchlief seine Erprobung in Staaken bei Berlin. (Dabrowski)

HD 42 / He 42

Als Schulflugzeug für künftige Marineflieger entwarf Heinkel den Doppeldecker HD 42, die spätere He 42. Der Entwurf entstand aus der früheren HD 24. Es handelte sich um eine Zelle in Stahlrohrbauweise, die mit Stoff bespannt war. Das erste Musterflugzeug, die HD 42a (WerkNr. 333, D-1793), kam als zweisitziger Doppeldecker mit Schwimmern heraus. Bis Ende 1932 folgten vier HD 42 B- und fünf He 41 C-Serienflugzeuge (WerkNrn. 419 bis 422 und 428). Infolge instabiler Eigenschaften musste die Flächenanstellung geändert werden. Ab 1933 kam es zum Bau von 14 He 42 D (WerkNrn. 443 bis 456); ab 1934 folgten 189 He 42 E. Die Maschinen wurden zumeist zur Ausbildung von Seefliegern eingesetzt.

Flugzeugtyp:	HD 42a
Verwendungszweck:	Schulflugzeug (See)
Besatzung:	2
Passagiere:	---
Triebwerke:	1 x BMW Va (1 x 221 kW, 300 PS)
Spannweite:	14,00 m
Länge:	10,50 m
Höhe:	4,10 m
Flügelfläche:	56,05 m²
Höchstgeschwindigkeit:	185 km/h in Bodennähe
Dauergeschwindigkeit:	--- km/h
Landegeschwindigkeit:	80 km/h
Steigzeit auf 1.000 m:	5,1 min
Leermasse:	1.550 kg
Flugmasse:	2.150 kg
Dienstgipfelhöhe:	3.750 m
Reichweite:	800 km
Bewaffnung:	keine

Mit über 220 Maschinen war die HD 42/He 42 der bis dahin größte Erfolg der Heinkel-Werke. (Rohrbach)

HD 43 a und b

Der Jagdeinsitzer HD 43 wurde wegen der zunächst als unangenehm bewerteten Flugeigenschaften der HD 38, die leicht zum Trudeln neigte, entwickelt. Im Jahr 1929 wurden daher zwei Maschinen (WerkNrn. 326 und 327) als kunstflugtaugliche Versuchsflugzeuge gebaut. Die ersten beiden HD 43 waren als einsitzige Jagdmaschinen für die UdSSR ausgelegt und trafen Anfang 1930 in Moskau ein. Leider zeigte sich bald, dass die sowjetische I-7 weit leistungsstärker war, so dass man vom geplanten Serienbau der HD 43 absah. Als zweite Ausführung brachte Heinkel die HD 43b (WerkNrn. 344 und 345) ins Spiel. Die Maschinen wurden 1931 nach Thailand geliefert und dort zunächst als Jagdflugzeuge geflogen. Über den Verbleib ist nichts bekannt.

Flugzeugtyp:	HD 43a
Verwendungszweck:	Jagdflugzeug
Besatzung:	1
Passagiere:	---
Triebwerke:	1 x BMW VI 3Z (1 x 551 kW, 750 PS)
Spannweite:	10,00 m
Länge:	7,50 m
Höhe:	3,30 m
Flügelfläche:	26,70 m²
Höchstgeschwindigkeit:	325 km/h in Bodennähe
Dauergeschwindigkeit:	--- km/h
Landegeschwindigkeit:	95 km/h
Steigzeit auf 2.000 m:	9,6 min
Leermasse:	1.200 kg
Flugmasse:	1.650 kg
Dienstgipfelhöhe:	8.400 m
Reichweite:	--- km
Bewaffnung:	2 x starre 08/15 Maschinengewehre

Der Jagdeinsitzer HD 43 konnte sich gegen die russische I-9 nicht durchsetzen. (Heinkel)

HD 44a

Auch von der HD 44 entstand nur ein Musterflugzeug (WerkNr. 332, D-1762), das der DVL zur Motorenerprobung zugewiesen wurde. Die Maschine wurde im Mai 1930 zugelassen und sollte der Erprobung von Antrieben bis zu einer Leistung von maximal 882 kN (1.200 PS) dienen. Somit war die HD 44 auch für künftige, schwerere Flugmotoren ausgelegt. Auch die Möglichkeit, Lasten bis etwa 1.500 kg zu transportieren, könnte ganz und gar dem Wunsch der Reichswehr entsprochen haben, welches die HD 44 als behelfsmäßiges Kampfflugzeug zu entwickeln gedachte. Da diese Arbeiten unter größter Geheimhaltung erfolgten, lassen sich weder über die Entwicklung, noch über die spätere Verwendung verlässliche Aussagen treffen. Auch der Verbleib des Musterflugzeugs liegt im Dunkeln.

Flugzeugtyp:	HD 44a
Verwendungszweck:	Motorenerprobung/Transportflugzeug/Behelfsbomber
Besatzung:	2 bis 3
Passagiere:	2 bis 6
Triebwerke:	1 x BMW VI 5.5 ZU (1 x 474 kW, 645 PS)
Spannweite:	17,60 m
Länge:	12,25 m
Höhe:	4,60 m
Flügelfläche:	75,50 m²
Höchstgeschwindigkeit:	210 km/h
Dauergeschwindigkeit:	160 km/h
Landegeschwindigkeit:	77 km/h
Steigzeit auf 2.000 m:	6,4 min
Leermasse:	2.050 kg
Flugmasse:	3.150–3.650 kg
Dienstgipfelhöhe:	5.500 m
Reichweite:	1.050 km
Bewaffnung:	keine

Im Geheimen wurde die HD 44a als Behelfskampfflugzeug von der Reichswehr erprobt. (LMA)

HD 45, He 45 und He 61

Aus den Doppeldeckern HD 41c (WerkNrn. 363 und 364) wurde ab 1930 der Heeresaufklärer und leichte Bomber HD 45a, die spätere He 45, entwickelt. Von den beiden HD 45c (D-1011 und D-2064) diente eine im Sommer 1931 in Lipezk zur taktischen Erprobung mit Bomben. Im Frühjahr 1932 verzichtete die Reichswehr auf die bisherige Auslegung und forderte – wegen besserer Sichtbedingungen für die Besatzung – eine Umkonstruktion der HD 45 zum Hochdecker (He 46). Als Musterflugzeug wurde eine HD 45 als He 61 nach China geliefert. Nach vier He 45b (WerkNrn. 391 bis 394) folgten sechs »Nullserienflugzeuge« der Ausführung He 45 B, welche 1932 und 1933 der taktischen Erprobung dienten.

Flugzeugtyp:	He 45 B
Verwendungszweck:	Heeresaufklärer/Leichter Bomber
Besatzung:	2
Passagiere:	---
Triebwerke:	1 x BMW VI 7.3 (1 x 551 kW, 750 PS)
Spannweite:	11,50 m
Länge:	10,00 m
Höhe:	3,60 m
Flügelfläche:	34,60 m²
Höchstgeschwindigkeit:	250 km/h in Bodennäje
Dauergeschwindigkeit:	210 km/h
Landegeschwindigkeit:	105 km/h
Steigzeit auf 4.000 m:	19,5 min
Leermasse:	1.780 kg
Flugmasse:	2.745 kg
Dienstgipfelhöhe:	5.500 m
Reichweite:	1.200 km
Bewaffnung:	1 x MG 17 und 1 x MG 15, 4 SC 50 Abwurflasten

Die HD 45b flog als eines der Musterflugzeuge für einen zweisitzigen Heeresaufklärer. (Aders)

Die HD 45d flog als zweisitziges Musterflugzeug für die spätere Lizenzfertigung. (Heinkel)

Es folgte die He 45 C, von der nur acht Maschinen (WerkNrn. 410 bis 417) ausgeliefert wurden, ehe die Lizenzfertigung der He 45 D in großem Stil anlief. Die ersten 24 Maschinen (WerkNrn. 458 bis 481) liefen bei Heinkel vom Band. Bis 1935 lieferte Focke-Wulf etwa 220 He 45 C und D. BFW stellte bis 1937 weitere 156 He 45 D und F her. Außerdem waren die Gotha-Flugzeugwerke in die Lizenzfertigung eingebunden und stellten 87 He 45 her, von denen einige exportiert wurden. Die Weiterentwicklung mit den Bezeichnungen He 245 A und B fielen dem Rotstift des RLM zum Opfer. Einige He 45 wurden bei der Legion Condor eingesetzt. Ab 1940 schied das Baumuster aus den aktiven Verbänden der Luftwaffe aus und wurde vor allem an deren Schulverbände abgegeben.

Die Kleinserie He 45 B wurde bald von der leistungsfähigeren He 45 D verdrängt. (LMG)

HD 46 a und b / He 46

Flugzeugtyp:	He 46 D
Verwendungszweck:	Heeresaufklärer
Besatzung:	2
Passagiere:	---
Triebwerke:	1 x SAM 322 B (1 x 511 kW, 695 PS)
Spannweite:	11,50 m
Länge:	9,38 m
Höhe:	3,40 m
Flügelfläche:	31,60 m²
Höchstgeschwindigkeit:	198 km/h in Bodennähe
Dauergeschwindigkeit:	176 km/h in Bodennähe
Landegeschwindigkeit:	102 km/h
Steigzeit auf 3.000 m:	12,5 min
Leermasse:	1.600 kg
Flugmasse:	2.170–2.250 kg
Dienstgipfelhöhe:	5.000 m
Reichweite:	580–670 km
Bewaffnung:	1 x MG 15, 2–4 x SC/SD 50 Abwurflasten

Im Jahr 1930 bestellte das Reichsverkehrsministerium zwei Heeresaufklärer in Doppeldeckerbauweise, die spätere HD 46. Der Erstflug fand im April 1931 statt. Die erste Mustermaschine HD 46a (WerkNr. 376, D-1702) flog anschließend bei der RDL in Staaken. Die nächste, HD 46b (WerkNr. 377, D-1028) wurde zur militärischen Überprüfung nach Lipezk gebracht und als Aufklärer und leichter Bomber getestet. Ab Anfang 1932 ging die Reichswehr von den bisherigen Vorgaben ab, und verlangte den Umbau der Maschine zu Hochdeckern, worauf die HD 45a/b entsprechend umgebaut wurden und die neue Bezeichnung He 46 erhielten. Nach Test mit unterschiedlichen Flugmotoren forderte das RLM im Spätsommer 1933, im folgenden Jahr mit der Serienfertigung der He 46 zu beginnen.

Aus dem Doppeldecker HD 46 entstand das Nullserienflugzeug He 45 D-01. (Nowarra)

Dem Beobachter stand anfangs nur eine Handkamera zur Erstellung von Luftbildern zur Verfügung. (Nowarra)

Nachdem man die He 46c nur in geringer Anzahl produziert hatte, begann ab Anfang 1934 die Herstellung der He 46 D. Die ersten Vorgaben des RLM sahen den Bau von 238 Maschinen vor. Die Anzahl der auch bei den Flugzeugwerken Halle (später: Siebel), Fieseler, Gotha und der MIAG gebauten He 46 betrug etwa 465. Außer der He 46 D kam es auch zur Herstellung der Ausführungen He 46 E und F, die sich durch die Triebwerksverkleidung von der Ausführung D unterschieden. Außer als Aufklärer flog die He 46 als Schleppflugzeug der DFS 230 sowie ab 1943 bei den Störkampfverbänden entlang der Ostfront.

In den letzten Kriegsjahren waren einige He 46 D als Schlachtflugzeuge im Einsatz. (Rohrbach)

HD 49 a

Das Jagdflugzeug (See) HD 49 konnte entweder mit einem Radfahrwerk oder mit zwei Schwimmern ausgerüstet werden und wurde seitens der deutschen Reichsmarine bestellt. Das einzige Musterflugzeug, die HD 49a, WerkNr. 371, D-2363), flog vor allem bei der Erprobungsstelle der RDL in Travemünde und führte dort zwischen 1934 und 1935 die Zulassung D-IREH. Mindestens drei Zellen waren damals im Bau. Da Heinkel viel zu aufwendig konstruiert hatte, sprach sich das RLM gegen den Serienbau aus. Aus diesem Grund erfolgte die Weiterentwicklung der HD 49 als HD 51, wobei mindestens zwei Zellen zu ersten Musterflugzeugen der HD 51 wurden.

Flugzeugtyp:	He 49a
Verwendungszweck:	Jagdflugzeug (See)
Besatzung:	1
Passagiere:	---
Triebwerke:	1 x BMW VI 7.3 Z (1 x 551 kW, 750 PS)
Spannweite:	11,00 m
Länge:	8,60 m
Höhe:	3,60 m
Flügelfläche:	27,20 m²
Höchstgeschwindigkeit:	310 km/h
Dauergeschwindigkeit:	255 km/h
Landegeschwindigkeit:	100 km/h
Steigzeit auf 2.000 m:	4,0 min
Leermasse:	1.500 kg
Flugmasse:	1.975 kg
Dienstgipfelhöhe:	7.500 m
Reichweite:	650–690 km
Bewaffnung:	2 x starre Maschinengewehre (geplant)

Nur ein Versuchsmuster des Jagdflugzeugs HD 49a wurde fertiggestellt. (Heinkel)

HD 50 / He 50

Der schwere Doppeldecker HD 50 sollte der Reichsmarine als Aufklärer und als Sturzkampfflugzeug dienen. Die Planung des »Rüstungsflugzeugs« HD 50 begann 1930. Die Herstellung der HD 50a (Landausführung, WerkNr. 406, D-2326) und HD 50b (Schwimmerflugzeug, WerkNr. 408, D-2471) lief vermutlich in der zweiten Hälfte des Jahres 1931 an. Beide Maschinen wurden 1933 bei der RDL in Tarnewitz erprobt. Während die WerkNr. 406 später die Zulassung D-ISIH erhielt und in Tarnewitz verblieb, ging die zweite am 17.06.1934 infolge eines Hallenbrands verloren. Kurz zuvor waren noch zwei weitere Baumuster (WerkNrn. 834 und 835) und der Prototyp der für Japan bestimmten He 66, die baugleich war, entstanden.

Flugzeugtyp:	He 50 A-1
Verwendungszweck:	Aufklärer und Sturzkampfflugzeug
Besatzung:	1 bis 2
Passagiere:	---
Triebwerke:	1 x SAM 322 B (1 x 441 kW, 600 PS)
Spannweite:	11,50 m
Länge:	9,60 m
Höhe:	4,40 m
Flügelfläche:	34,80 m²
Höchstgeschwindigkeit:	230 km/h in 1.000 m Höhe
Dauergeschwindigkeit:	190 km/h
Landegeschwindigkeit:	95 km/h
Steigzeit auf 4.000 m:	16,0 min
Leermasse:	1.600 kg
Flugmasse:	2.500–2.720 kg
Dienstgipfelhöhe:	6.400 m
Reichweite:	525–665 km
Bewaffnung:	1 x MG 17 und 1 x MG 15, 1 x SC 500 oder 1 x SC 250

Die HD 50 (WerkNr. 408, D-2471) stürzte am 17.06.1934 ab. (Nowarra)

Ankunft des Doppeldeckers He 50 (D-ITUA) nach einem Streckenflug. (Lang)

Während die Erprobung selbst 1935 noch nicht vollständig beendet war, lief die Serienfertigung bereits an, obwohl es an schweren Flugmotoren mangelte. Bei Focke-Wulf (Fw) entstanden 18 He 50 und weitere 15 bei den Bayrischen Flugzeugwerken (BFW). Außer einem Musterflugzeug für Japan wurden mindestens 24 Serienflugzeuge für China gebaut. Ein Teil der Produktion erhielt im Nachhinein stärkere Flugmotoren. Die Maschinen wurden als sturzflugfähige Schulmaschinen, als behelfsmäßige Störkampfflugzeuge und versuchsweise als Trägerflugzeuge mit einem Fanghaken für simulierte Trägerlandungen genutzt.

Ab 1943 flog diese He 50 A (3W+NR) bei der Nachtschlachtgruppe (NSGr.) 11. (Rohrbach)

HD 51 / He 51

Flugzeugtyp:	He 51 B-1
Verwendungszweck:	Jagdflugzeug
Besatzung:	1
Passagiere:	---
Triebwerke:	1 x BMW VI 7,3 Z (1 x 551 kW, 750 PS)
Spannweite:	11,00 m
Länge:	8,40 m
Höhe:	3,20 m
Flügelfläche:	27,20 m²
Höchstgeschwindigkeit:	330 km/h in Bodennähe
Dauergeschwindigkeit:	260 km/h in 4.000 m Höhe
Landegeschwindigkeit:	95 km/h
Steigzeit auf 4.000 m:	7,8 min
Leermasse:	1.475 kg
Flugmasse:	1.900 kg
Dienstgipfelhöhe:	7.700 m
Reichweite:	280–550 km
Bewaffnung:	2 x MG 17

Ab 1932 folgte aus der Entwicklung des Jagdeinsitzers HD 49a die des etwas leistungsfähigeren Doppeldeckers HD 51. Die erste HD 51 (WerkNr. 429, D-2726, später: He 51 V4, D-IBES) soll aus der Zelle der HD 49c entstanden sein. Die nächste Maschine, vormals die HD 49d, dann HD 51 V5, WerkNr. 430, D-2727, war als »He 51/See« mit zwei Schwimmern ausgerüstet. Nach deren Verlust baute Heinkel die He 51 V6 (WerkNr. 995, D-IBYI). Es folgte die He 51 V7 (WerkNr. 1485, D-ILGY), die als Nullserienmuster (A-01) erprobt wurde Es schlossen sich die He 51 V8, die als A-02 flog, sowie die He 51 V9 (A-03), an. Ein weiterer Prototyp, die D-IBAA (WerkNr. 994), erhielt verlängerte Flächen.

Im Luftrüstungsprogramm vom 01.01.1934 fanden sich zunächst 141 He 51-Jagdflugzeuge mit Rad- und 14 mit Schwimmerfahrwerk. Am Ende kam es zum Bau von etwa 150 Maschinen bei Heinkel. Bei Ago entstanden weitere 77, bei Arado noch einmal 71,

Bei der He 51 kamen erstmals Zusatztanks in größerem Umfang zum Einsatz. (Heinkel)

Im Hangar der I. Gruppe des Jagdgeschwaders (JG) 132 befanden sich etliche He 51-Jagdflugzeuge. (Heinkel)

bei Erla 80 und bei Fieseler schließlich 102. Insgesamt wurden etwa 485 He 51 hergestellt. Ein Teil der Maschinen erhielt im Laufe der Jahre eine verbesserte Ausstattung. Die He 51 C-1 war als Erdkampfflugzeug mit einer Abwurfanlage ausgerüstet, während die C-2 eine verbesserte Funkausrüstung aufwies. Das ab 1936 eingeführte Schwimmerflugzeug He 51 D-1 ließ sich mühelos wieder in ein Landflugzeug verwandeln.

Als Jagdflugzeug für den Einsatz über See stand die He 51 nur in geringer Anzahl zur Verfügung. (Selinger)

HD 55 / KR-1

Die Entwicklung des katapultfähigen Flugbootes HD 55 ging auf eine Bestellung aus der UdSSR zurück. Außer einigen K3-Katapulten sollten 30 Bordflugzeuge entstehen. Der Erstflug der HD 55a (WerkNr. 336) erfolgte Ende 1929. Am 30.01.1930 startete erstmals eine Mustermaschine mittels eines Katapults, der auf dem Breitling ankernden Prahm installiert war. Die fliegerische Erprobung der HD 55 (KR-1) schloss sich ab März 1930 vor Leningrad an. Bis 1931 folgte die Lieferung der Maschinen mit den WerkNrn. 337 bis 341 und 346 bis 359. Die geplante Lieferung von weiteren 20 HD 55 wurde vorzeitig storniert. Die Maschinen wurden ab 1938 von der russischen KOR-1 ersetzt.

Flugzeugtyp:	He 55 / KR-1
Verwendungszweck:	Aufklärungsflugboot
Besatzung:	2
Passagiere:	---
Triebwerke:	1 x Siemens »Jupiter« VI 6,3 (1 x 441 kW, 600 PS)
Spannweite:	14,00 m
Länge:	10,40 m
Höhe:	4,10 m
Flügelfläche:	56,90 m²
Höchstgeschwindigkeit:	195 km/h
Dauergeschwindigkeit:	150 km/h
Landegeschwindigkeit:	70 km/h
Steigzeit auf 4.000 m:	27,0 min
Leermasse:	1.520 kg
Flugmasse:	2.350 kg
Dienstgipfelhöhe:	4.600 m
Reichweite:	--- km
Bewaffnung:	1 x starres Maschinengewehr, 2 x bewegliche Maschinengewehre

Die HD 55 erwies sich auf Dauer für die russischen Streitkräfte als zu leistungsschwach. (Dabrowski)

HD 56

Mit dem katapultfähigen Bordflugzeug HD 56 nahm Heinkel an einer Ausschreibung für die japanische Marine teil. Die im Dezember 1931 ermittelten Leistungen genügten nicht. Erst nachdem ein stärkeres, japanisches Triebwerk eingebaut worden war, fanden im August 1931 Testflüge mit dem ersten Musterflugzeug in Nagoya statt. Anschließend kam es zum Bau von zwölf Maschinen, die ab Anfang 1932 während der kriegerischen Auseinandersetzung mit China vor der Küste der Mandschurei von Kreuzern der japanischen Marine zum Einsatz kamen. Da auch der Einbau stärkerer Motoren am Ende nicht ausreichte, wurden die Schwimmerflugzeuge als Schulflugzeuge aufgebraucht.

Flugzeugtyp:	He 56
Verwendungszweck:	Bordaufklärungsflugzeug
Besatzung:	2
Passagiere:	---
Triebwerke:	1 x Wright »Whirlwind« (1 x 162 kW, 225 PS)
Spannweite:	11,65 m
Länge:	8,50 m
Höhe:	3,50 m
Flügelfläche:	38,00 m²
Höchstgeschwindigkeit:	165 km/h in Bodennähe
Dauergeschwindigkeit:	140 km/h
Landegeschwindigkeit:	95 km/h
Steigzeit auf 2.000 m:	--- min
Leermasse:	995 kg
Flugmasse:	1.550 kg
Dienstgipfelhöhe:	3.300 m
Reichweite:	1.000 km
Bewaffnung:	1 x starres und 1 x bewegliches Maschinengewehr

Von dem Bordflugzeug HD 56 wurden in Japan zwölf Maschinen gebaut. (LMG)

HE 57 »Heron«

Flugzeugtyp:	He 57
Verwendungszweck:	Amphibienflugzeug
Besatzung:	1
Passagiere:	1 bis 3
Triebwerke:	1 x Pratt & Whitney »Wasp« (1 x 313 kW, 425 PS)
Spannweite:	16,00 m
Länge:	11,85 m
Höhe:	4,50 m
Flügelfläche:	39,20 m²
Höchstgeschwindigkeit:	185 km/h
Dauergeschwindigkeit:	145 km/h
Landegeschwindigkeit:	95 km/h
Steigzeit auf 1.000 m:	8,5 min
Leermasse:	1.820 kg
Flugmasse:	2.600 kg
Dienstgipfelhöhe:	3.800 m
Reichweite:	580 km
Bewaffnung:	keine

Das Amphibienflugzeug HE 57 »Heron« wurde ab 1930 entwickelt. Das mittels einziehbarem Radfahrwerk auf dem Land und vom Wasser aus zu startende und zu landende Flugboot war für den amerikanischen Markt ausgelegt und entsprechend instrumentiert. Erste Rollversuche des Musterflugzeugs (WerkNr. 343) fanden im April 1930 statt. Hierbei stellte sich heraus, dass die Maschine zu schwer war und daher nicht aus dem Wasser kam. Hierauf wurde der Bootsrumpf der HE 57 (D-2067) umkonstruiert und im Dezember 1930 erneut erprobt. Am Ende musste das Amphibium, das keinen Käufer fand, von der DVS-Zweigstelle in Sylt übernommen werden. Es ging am 30.07.1937 bei einer harten Landung verloren.

Die in den Verkauf der HE 57 »Heron« gesetzten Hoffnungen erfüllten sich nicht. (Nowarra)

HE 58

Als von Schnelldampfern des Norddeutschen-Lloyd (NDL) aus einsetzbare Mascine, entwickelte Heinkel ein mittels des K4-Bordkatapults zu startendes Postflugzeug. Die Besatzung der für die DVL zugelassenen HD 58 (WerkNr. 365, D-1919) unternahm am 28.08.1930 den ersten Katapultstart von der »Europa« in Richtung der USA. Ab dem 15.09.1930 begann der reguläre Postflugverkehr mit der HE 58 »Atlantik«. Ab 1931 wurde die D-1919 vom Schnelldampfer »Bremen« aus eingesetzt und trug dann deren Namen. Am 05.10.1932 fand der letzte Postflug mit der HE 58 statt, ehe sie von der Ju 46 »Bremen« ersetzt wurde.

Flugzeugtyp:	HE 58
Verwendungszweck:	Postflugzeug (See)
Besatzung:	2
Passagiere:	---
Triebwerke:	1 x Pratt & Whittney »Hornet A« (1 x 390 kW, 530 PS)
Spannweite:	17,20 m
Länge:	11,80 m
Höhe:	4,70 m
Flügelfläche:	49,45 m²
Höchstgeschwindigkeit:	204 km/h
Dauergeschwindigkeit:	160 km/h
Landegeschwindigkeit:	90 km/h
Steigzeit auf 2.000 m:	11,4 min
Leermasse:	1.850 kg
Flugmasse:	3.150 kg
Dienstgipfelhöhe:	3.800 m
Reichweite:	1.550 km
Bewaffnung:	keine

Die HE 58 kam zwischen 1930 und 1932 als Postflugzeug zum Einsatz. (Heinkel)

HD 59 / He 59

Flugzeugtyp:	He 59 B-2
Verwendungszweck:	Mehrzweckkampfflugzeug (See)
Besatzung:	4
Passagiere:	---
Triebwerke:	2 x BMW VI 6.0 ZU (2 x 485 kW, 660 PS)
Spannweite:	23,70 m
Länge:	17,35 m
Höhe:	7,10 m
Flügelfläche:	153,00 m²
Höchstgeschwindigkeit:	220 km/h
Dauergeschwindigkeit:	195 km/h
Landegeschwindigkeit:	88 km/h
Steigzeit auf 1.000 m:	4,8 min
Leermasse:	5.440 kg
Flugmasse:	8760–9.000 kg
Dienstgipfelhöhe:	3.500–5.000 m
Reichweite:	550–875 km
Bewaffnung:	3 x MG 15 in Drehring D 30, 1 x Lufttorpedo, 1 x Luftmine oder SC-Bomben

Als Mehrzweckflugzeug für den Einsatz über See schufen die Heinkel-Werke, auf geheime Nachfrage der Reichsmarine, Entwürfe eines robusten See-Doppeldeckers. Am 08.08.1930 reichte Heinkel ein Angebot für zwei Versuchsmuster der als »Lastenflugzeugs« bezeichneten Maschine beim RVM ein. Das erste Musterflugzeug, die HD 59a (WerkNr. 378, D-2214 D-ARAR), wurde 1931 eingeflogen. Mit dem zweiten Doppeldecker, der HD 59b (WerkNr. 379, D-2215, D-ABIF), wurde die Waffenerprobung in Travemünde und Lipezk durchgeführt. Das später bestellte dritte Musterflugzeug, die He 59 B (WerkNr. 442, D-2622, D-AKIV), diente der Dauererprobung, ehe anschließend die Serienfertigung bei Arado und Heinkel anlief.
Die Auslieferung von 21 He 59 C-1 (WerkNrn. 528-543 und 836-840) endete im April 1935. Es schloss sich die Produktion der He 59 D-1

Während der Erprobung entstand diese Aufnahme einer He 59. (Heinkel)

Diese He 59 B-2 gehörte zur 4./Seenotgruppe und flog vorher bei der 5. Staffel. (Radinger)

an, von der zunächst 20 (WerkNrn. 1510-1529) produziert wurden. Zwischen 1936 und 1939 stellte Arado weitere 122 He 59 D her. Insgesamt verließen etwa 165 HD/He 59 die Fertigung beider Werke, Die Maschinen wurden außer bei der Legion Condor, vor allem bei den Küstenfliegergruppen (KüFlGrp.) über der Nord- und Ostsee eingesetzt. Ferner flog die He 59 bei mehreren Seenotstaffeln, diente für Transportaufgaben und wurde als Schulmaschinen für die Navigationsausbildung verwandt. Die He 59 wurde ab 1939 schrittweise durch die He 115 ersetzt, blieb aber für Seenotaufgaben noch längere Zeit im Einsatz.

Anfangs waren die Seenotflugzeuge, hier eine He 59 D-1, unbewaffnet. (Heinkel)

HD 60 / He 60

Die HD 60 wurde ab 1930 als See- und Borderkunder für die deutsche Reichsmarine entwickelt. Zunächst, ab Sommer 1931, wurden zwei Musterflugzeuge der HD 60a (WerkNrn. 380, D-2157 und 381, D-2176) fertiggestellt, von denen das zweite bereits Ende des Jahres bei der Erprobung in Travemünde abstürzte. Das dritte Musterflugzeug, die He 60b (WerkNr. 418, D-2325), folgte bis Mitte 1932 und flog als D-IKAV in Travemünde. Fast gleichzeitig bestellte die Marine eine aus zehn Flugzeugen bestehende Serie der He 60 C, die bis Ende 1933 geliefert wurde. Bis Juli 1934 kamen 17 He 60 D heraus, deren Auslieferung sich wegen einiger Unfälle erheblich verzögerte.
Auch Arado war in die Produktion eingebunden und lieferte 69 He 60 D-Seeaufklärer. Inzwischen war der Produktionsumfang beträchtlich, auf 277 Maschinen, erhöht wor-

Flugzeugtyp:	He 60 C
Verwendungszweck:	Aufklärungsflugzeug (See)
Besatzung:	2
Passagiere:	---
Triebwerke:	1 x BMW VI U 6.0 (1 x 485 kW, 660 PS)
Spannweite:	13,50 m
Länge:	11,50 m
Höhe:	5,30 m
Flügelfläche:	56,20 m²
Höchstgeschwindigkeit:	240 km/h in Bodennähe
Dauergeschwindigkeit:	215 km/h in Bodennähe
Landegeschwindigkeit:	90 km/h
Steigzeit auf 2.000 m:	8,2 min
Leermasse:	2.410 kg
Flugmasse:	3.400 kg
Dienstgipfelhöhe:	5.000 m
Reichweite:	720–825 km
Bewaffnung:	1 x MG 17 (Einbau vorbereitet), 1 x MG 08/15, später ersetzt durch MG 15, 12 Bomben à 10 kg oder Nebelgerät SN 40

Die ersten HD 60-Seeflugzeuge waren mit einem BMW VI-Reihenmotor ausgerüstet. (Heinkel)

Bei der Kriegsmarine wurde die He 60 nach wenigen Jahren durch die Ar 196 abgelöst. (Knobloch)

den. Wegen der Höhe der Bestellungen musste die Weser Flugzeugbau GmbH (WFG) als weiterer Lizenznehmer eingeschaltet werden. Die Firma übernahm nach den letzten 20 bei Heinkel hergestellten He 60 E, die gesamte weitere Fertigung. Die meisten von etwa 360 Maschinen wurden an die Marineflieger ausgeliefert. Nach dem Einsatz bei der Legion Condor, war die He 60 bis zu ihrer Ablösung durch die Ar 196 in ständigem Einsatz. Die noch verbliebenen Maschinen gingen an diverse Schulverbände.

Zur 1. (Mehrzweckstaffel)/106 gehörte diese in Kiel-Holtenau aufgenommene He 60. (LMG)

HE 64 / He 64

Von der HE 64, einem aerodynamisch hochwertigen Sport- und Reiseflugzeug, stellte Heinkel nur sieben Maschinen her. Der Entwurf ging auf den Auftrag des RLMs zurück, das für den 1932 bevorstehenden Europa-Rundflug, einen leistungsfähigen Eindecker suchte. Heinkel schickte die HE 64a (WerkNr. 640, D-2258) sowie die HE 64b (WerkNr. 409, D-2260) ins Rennen. Hans Seidemann – als Schnellster – gelang es, binnen drei Tagen eine Strecke von 7.500 km zu bewältigen. Weitere fünf He 64 C folgten. Nach dem Einbau eines DeHavilland »Gipsy III«-Reihenmotors zur die He 64 C zur He 64 Die meisten der 1936 noch vorhandenen Maschinen waren als Schulflugzeuge bei der DVS und der DVL anzutreffen.

Flugzeugtyp:	He 64 C
Verwendungszweck:	Sport- und Reiseflugzeug
Besatzung:	1
Passagiere:	1
Triebwerke:	1 x Argus As 8 R (1 x 110 kW, 150 PS)
Spannweite:	9,80 m
Länge:	6,30 m
Höhe:	2,06 m
Flügelfläche:	14,40 m²
Höchstgeschwindigkeit:	245 km/h in Bodennähe
Dauergeschwindigkeit:	222 km/h in Bodennähe
Landegeschwindigkeit:	52 km/h
Steigzeit auf 2.000 m:	8,0 min
Leermasse:	458 kg
Flugmasse:	780 kg
Dienstgipfelhöhe:	6.000 m
Reichweite:	720–1.500 km
Bewaffnung:	keine

Die He 64b (WerkNr. 409) trug die Zulassung D-2260. (Heinkel)

HE 70 / He 70 »Blitz«, He 170 und He 270

Flugzeugtyp:	He 70a
Verwendungszweck:	Schnellverkehrsflugzeug
Besatzung:	1–2
Passagiere:	4–5
Triebwerke:	1 x BMW VI 5,5 Z (1 x 485 kW, 660 PS)
Spannweite:	14,80 m
Länge:	11,50 m
Höhe:	3,80 m
Flügelfläche:	36,50 m²
Höchstgeschwindigkeit:	352 km/h in Bodennähe
Dauergeschwindigkeit:	261 km/h in 1.500 m Höhe
Landegeschwindigkeit:	104 km/h
Steigzeit auf 4.000 m:	17,0 min
Leermasse:	2.260 kg
Flugmasse:	3.400 kg
Dienstgipfelhöhe:	6.000 m
Reichweite:	630–1.280 km
Bewaffnung:	keine

Am 14.06.1932 legte Heinkel der DLH und dem RLM die Baubeschreibung für die He 70 vor. Die aerodynamisch hochwertige Zellengestaltung führte zu hervorragenden Flugleistungen. Am 01.12.1931 wurde die HE 70a (WerkNr. 403, D-2537/D-UHUX) in Warnemünde eingeflogen und erreichte am 26.04.1933 eine Höchstgeschwindigkeit von 377 km/h. Die zweite Mustermaschine (He 70b, WerkNr. 457, D-3114, D-UBAF) erhielt – anders als die V1 – von Anfang an Landeklappen. Sie wurde ab 1934 zeitweise als Postflugzeug für die Südamerika-Route genutzt. Die Verwendung als Schnellverkehrsflugzeug war und blieb begrenzt. Bei Kriegsbeginn wurden die He 70 der Lufthansa an die Luftwaffe abgegeben.

Die He 70 (WerkNr. 711, D-UGOR) flog ab1943 bei der Lufthansa als »Schwalbe«. (LMG)

Außer als Verkehrsflugzeug, war die He 70 auch als leichtes Kampfflugzeug für die Luftwaffe vorgesehen. So sollte der Aufklärer He 70 F-1 später in leichte Bomber umgebaut werden. Die He 70 F-2 war dagegen von Anfang an als Kampfflugzeug ausgelegt. Insgesamt wurden einschließlich der Musterflugzeuge fast 320 Maschinen gebaut, von denen 20 exportiert wurden.

Die nur kurzzeitig als **He 170** bezeichnete Ausführung der He 70 war als Musterflugzeug (WerkNr. 2171, D-OASA) für die ungarischen Streitkräfte bestimmt. Die mit stärkeren Motoren versehenen Maschinen bildeten dort die Ausstattung zweier Aufklärungsstaffeln. Als die Leistungen der He 70 nicht mehr genügten, wurden die verbliebenen Flugzeuge auf mehrere Ausbildungseinheiten verteilt.

Die **He 270** gilt ebenfalls als eine leistungsgesteigerte Ausführung der He 70. Die Maschine sollte anfangs mit einem DB 600 bestückt werden. Da dieser Motor 1936 nicht in ausreichender Anzahl verfügbar war, kam es zu Verzögerungen. Erst 1938 wurde eine Mustermaschine als He 270 (WerkNr. 1973,

Die erste He 170 mit Sternmotor (D-OASA) flog ab dem 11.05.1937. (Heinkel)

Diese He 70 (DB+LP) wurde als Verbindungsflugzeug bei der Luftwaffe eingesetzt. (Selinger)

D-OEHF) mit einem DB 601 A-Reihenmotor ausgerüstet. Der Erstflug fand im Frühjahr 1938 statt; im Sommer folgte eine taktische Überprüfung durch die Luftwaffe. Da auch der DB 601 A zu schwach war, blieb selbst das Interesse der Verbündeten begrenzt. Der Verbleib der einzigen Mustermaschine ist unbekannt.

He 72 und He 172

Als zweisitzige Doppeldecker für Schulungszwecke wurden die He 72 V1 (Ausführung A) mit einem Argus As 8-Reihenmotor sowie die He 72 V2 (Ausführung B) mit einem Sh 14-Sternmotor ausgerüstet. Die leicht verbesserten Serienausführungen C und D entstanden ab 1934 in großen Stückzahlen. Die He 72 wurde einsitzig als Kunstflugzeug sowie zweisitzig als Schulmaschine verwendet. Insgesamt wurden bei Heinkel und Fieseler zusammen etwa 790 He 72 gebaut. Die He 172 V1, die erstmals am 03.10.1935 flog, ging auf einen Vorschlag vom Oktober 1934 zurück, wobei man auf eine niedrigere Flugmasse und aerodynamische Verfeinerungen setzte. Außer den beiden Prototypen (WerkNrn. 1848 und 1849) sollten anfangs zehn 0-Serienflugzeuge entstehen, wozu es jedoch nicht mehr kam.

Flugzeugtyp:	He 72 B-1
Verwendungszweck:	Schulflugzeug
Besatzung:	1 bis 2
Passagiere:	1
Triebwerke:	1 x Siemens Sh 14 A (1 x 118 kW, 160 PS)
Spannweite:	9,00 m
Länge:	7,50 m
Höhe:	2,70 m
Flügelfläche:	20,70 m²
Höchstgeschwindigkeit:	194 km/h in 1.000 m Höhe
Dauergeschwindigkeit:	158 km/h in 1.000 m Höhe
Landegeschwindigkeit:	80 km/h
Steigzeit auf 4.000 m:	31,0 min
Leermasse:	590 kg
Flugmasse:	870–900 kg
Dienstgipfelhöhe:	4.200 m
Reichweite:	500–820 km
Bewaffnung:	keine

Die He 72 D (D-3204) gehörte zum Bestand der DLV in Berlin-Staaken. (Braatz)

He 74

Die He 74 nahm zusammen mit der Ar 76 und der Fw 56 an der Ausschreibung für ein Fortgeschrittenen-Schulflugzeug teil, das im Ernstfall auch als einsitziger Behelfsjäger hätte eingesetzt werden können. Von der Maschine wurden drei Musterflugzeuge gebaut, von denen die He 74 A (V1, WerkNr. 441, D-IVON) nach Japan verkauft wurde. Die zweite Maschine fiel am 17.06.1934 in Warnemünde dem Brand der Halle IV zum Opfer. An der verbliebenen dritten He 74 (WerkNr. 1173, D-ITAL), hatte offensichtlich Österreich Interesse, wo geplant war, 100 Maschinen zu bauen. Auch die UdSSR war zeitweise an der Maschine interessiert, ohne dass es jedoch im Frühjahr 1935 zu einem Abschluss kam. Die nachfolgenden Varianten, bis hin zur He 74 D, konnten sich ebenso wenig durchsetzen und jemals die Serienfertigung erreichen.

Flugzeugtyp:	He 74 A
Verwendungszweck:	Schulflugzeug und Heimatschutz-Jäger
Besatzung:	1
Passagiere:	---
Triebwerke:	1 x Argus As 10 C (1 x 176 kW, 240 PS)
Spannweite:	8,25 m
Länge:	6,80 m
Höhe:	2,25 m
Flügelfläche:	14,96 m²
Höchstgeschwindigkeit:	288 km/h in Bodennähe
Dauergeschwindigkeit:	240 km/h in Bodennähe
Landegeschwindigkeit:	90 km/h
Steigzeit auf 2.000 m:	5,0 min
Leermasse:	730 kg
Flugmasse:	960 kg
Dienstgipfelhöhe:	6.250 m
Reichweite:	340–480 km
Bewaffnung:	1 x starres MG 17 (geplant)

Der Behelfsjäger He 74 A (D-IVON) ließ sich bei Bedarf mit einem starren MG 17 bestücken. (Heinkel)

He 100

Der Jagdeinsitzer He 100 ging aus dem Projekt He P 1035, einem Verfolgungsjäger mit DB 601-Reihenmotor und neuartiger Oberflächenkühlung, hervor. Im Oktober 1937 reichte Ernst Heinkel überraschend ein entsprechendes Angebot bei Ernst Udet ein. Es folgte der Bau von 24 He 100, von denen die erste, die He 100 V1 (WerkNr. 1901, D-ISVR) erstmals am 22.01.1938 flog. Es zeigte sich, dass die angestrebte Oberflächenkühlung noch weit von der Serienreife entfernt war. Die He 100 V2 (WerkNr. 1902, D-IUOS) folgte am 17.05.1938, die He 100 V3 (WerkNr. 1904, D-IDGH) kam am 05.06.1938 heraus. Die Maschine stürzte bereits im August 1938, nachdem Ernst Udet mit ihr 634,32 km/h erreicht hatte, ab.

Hans Dieterle wurde nach seinem spektakulären Rekordflug zum Flugkapitän ernannt. (Heinkel)

Aus Gründen der Propaganda wurden einige He 100 als Werksschutzstaffel in Szene gesetzt. (Heinkel)

Die He 100 V2 (D-IUOS) während der Erprobung bei Heinkel. (LMG via Wachtl)

Das erste vollständig ausgerüstete Vorserienmuster, die He 100 V4 (WerkNr. 1903, D-1903), wurde am 16.11.1938 eingeflogen. Als erstes Nullserienflugzeug rollte die He 100 V5 (WerkNr. 3001) ebenfalls am 16.11.1938 an den Start. Die He 100 V6 und V7 folgten bis Anfang 1939. Mit der He 100 V8 (WerkNr. 1905) gelang es Hans Dieterle am 30.03.1939, eine Geschwindigkeit von 746,66 km/h zu erreichen. Da das RLM Ende 1938 eine Serienproduktion der He 100 wegen der Bf 109 ablehnte, wurde das Baumuster für den Export freigegeben. Japan erhielt zwei Maschinen, während sechs von zehn bestellten Maschinen an die UdSSR geliefert wurden. Aus den verbliebenen Maschinen wurde im Herbst 1939 kurzzeitig eine »Werksschutzstaffel« aufgestellt.

Flugzeugtyp:	He 100 V4
Verwendungszweck:	Jagdflugzeug
Besatzung:	1
Passagiere:	---
Triebwerke:	1 x DB 601 A (1 x 809 kW, 1.100 PS)
Spannweite:	9,4 m
Länge:	8,2 m
Höhe:	3,6 m
Flügelfläche:	14,50 m²
Höchstgeschwindigkeit:	670 km/h in 5.000 m Höhe
Dauergeschwindigkeit:	650 km/h in 5.000 m Höhe
Landegeschwindigkeit:	150 km/h
Steigzeit auf 8.000 m:	10,0 min
Leermasse:	1.800 kg
Flugmasse:	2.540 kg
Dienstgipfelhöhe:	11.000 m
Reichweite:	825–1.050 km
Bewaffnung:	keine

He 111-Versuchsmuster

Als im Jahr 1932 das Reichsverkehrsministerium ein Schnellverkehrsflugzeug für zehn Passagiere ausschrieb, war vor allem an die Schaffung eines mittleren Kampfflugzeugs gedacht. Das erste Versuchsmuster, die He 111 V1 (WerkNr. 713, D-ADAP), flog ab dem 17.11.1934 und wurde ab März 1935 bei der Erprobungsstelle Rechlin getestet. Das zweite Versuchsmuster, die He 111 V2 (WerkNr. 715, D-ALIX), gehörte zur zivilen Ausführung, welche für die Lufthansa vorgesehen war. Das zweite militärische Baumuster, die He 111 V3 (WerkNr. 714, D-ALES), galt offiziell als Verkehrsflugzeug. Im Dezember 1935 rollte mit der He 111 V4 (WerkNr. 1968, D-AHAO) das zweite zivile Musterflugzeug an den Start. Anschließend folgten nach den ersten mit zwei BMW VI-Motoren ausgerüsteten Maschinen zunächst weitere 15 Versuchsmuster der Ausführungen A, B, D und G.

Die erste He 111 (V1, D-ADAP) während der fliegerischen Erprobung. (Dabrowski)

Die He 111 V4 flog bei der Lufthansa als Schnellverkehrsflugzeug. (Heinkel)

He 111 A und B

Das erste Serienmuster der He 111 A-0 entstand 1936. Die He 111 V5 (WerkNr. 1432, D-APYS) diente der Erprobung mit zwei BMW VI-Motoren. Das Entwicklungsprogramm vom 01.01.1935 wies bereits 15 He 111 A-0 auf, deren Erprobung ab Mai 1936 anlaufen sollte. Es zeigte sich jedoch, dass die He 111 A-0 zu schwach motorisiert war und sich damit kaum für die Luftwaffe eignete. Aus diesem Grund wurde die Flugerprobung mit sieben He 111 B-0 fortgeführt, die zu den Ausführungen B-1 und B-2 überleiten sollten. Diese wurden zunächst mit zwei DB 600 A und dann mit zwei DB 600 C bestückt. Der Produktion von sieben He 111 B-0 und 136 He 111 B-1 bei Heinkel, folgte die von 283 He 111 B-2 bei den Norddeutschen Dornier Werken.

Flugzeugtyp:	He 111 B-2
Verwendungszweck:	Mittlerer Bomber
Besatzung:	4
Passagiere:	---
Triebwerke:	2 x DB 600 C (2 x 750 kW, 1.020 PS)
Spannweite:	22,60 m
Länge:	17,57 m
Höhe:	4,10 m
Flügelfläche:	86,50 m²
Höchstgeschwindigkeit:	375 km/h
Dauergeschwindigkeit:	345 km/h
Landegeschwindigkeit:	115 km/h
Steigzeit auf 4.000 m:	18.5 min
Leermasse:	5.845 kg
Flugmasse:	8.600 kg
Dienstgipfelhöhe:	6.500–7200 m
Reichweite:	960–1.700 km
Bewaffnung:	3 x MG 15, 1.000 kg Abwurflasten

Erstmals in größeren Stückzahlen entstand die Ausführung He 111 B-1. (Creek)

He 111 C und G

Flugzeugtyp:	He 111 G-3
Verwendungszweck:	Schnellverkehrsflugzeug
Besatzung:	2
Passagiere:	10
Triebwerke:	2 x BMW 132 H (2 x 647 kW, 880 PS)
Spannweite:	22,60 m
Länge:	17,57 m
Höhe:	4,40 m
Flügelfläche:	86,50 m²
Höchstgeschwindigkeit:	365 km/h
Dauergeschwindigkeit:	335 km/h
Landegeschwindigkeit:	110 km/h
Steigzeit auf 4.000 m:	25.0 min
Leermasse:	5.430 kg
Flugmasse:	8.530 kg
Dienstgipfelhöhe:	6.250 m
Reichweite:	1.700 km
Bewaffnung:	keine

Die Ausführungen He 111 C und G spielten verglichen mit der Gesamtproduktion kaum eine Rolle. Die He 111 C-0 dienten außer als Zubringerflugzeuge, auch für den Transport von Post und eiliger Fracht. Von der He 111 G-0 entstanden nur zwei Maschinen (WerkNrn. 2534 und 2535), denen zwei He 111 G-3 (WerkNrn. 1884 und 1885) sowie mindestens vier G-5 (WerkNrn. 5067 bis 5070) folgten. Von der He 111 C-0 wurden am Ende nur zwölf und von der G-Ausführung etwa acht Maschinen vor allem für die Lufthansa hergestellt. Kurz nach Kriegsbeginn wurden sie der Luftwaffe als Verbindungsflugzeuge für höhere Stäbe zugeteilt. Später war einTeil bei verschiedenen Flugzeugführerschulen (FFS) im Einsatz.

Die He 111 G-5 (PF+UP) nach der Landung auf dem Flugplatz Budaörs. (Punka)

He 111 D

Ab 1937 arbeitete Heinkel intensiv an einer Verbesserung der Sichtverhältnisse bei der He 111 und schuf einen vollständig verglasten, leicht asymmetrischen Rumpfbug. Nachdem die ursprüngliche He 111 D mit Stufenkanzel gestrichen worden war, erhielt das Führungsflugzeug die Bezeichnung D. Die He 111 D-1 wies dafür zwei FuG IIIa/U-Funkgeräte, die später durch leistungsfähigere FuG X (10)-Anlagen ausgetauscht wurden, auf. Die He 111 D-2 besaß eine Y-Anlage, welche der Zielfindung diente. Aufgrund der langwierigen Erprobung und der Erstellung entsprechender Handbücher, trafen die Führungsflugzeuge erst 1940 bei den Kampfgeschwadern KG 4, 27 und 54 ein. Alle 30 im Mai 1939 bestellten He 111 D entstanden durch den Umbau vorhandener He 111 P-2.

Flugzeugtyp:	He 111 D-2
Verwendungszweck:	Führungsflugzeug
Besatzung:	8
Passagiere:	---
Triebwerke:	2 x 601 Aa (2 x 809 kW, 1.100 PS)
Spannweite:	22,50 m
Länge:	17,57 m
Höhe:	3,95 m
Flügelfläche:	86,50 m²
Höchstgeschwindigkeit:	380 km/h
Dauergeschwindigkeit:	245 km/h
Landegeschwindigkeit:	120 km/h
Steigzeit auf 4.000 m:	18,0 min
Leermasse:	6.540 kg
Flugmasse:	10.770–13.000 kg
Dienstgipfelhöhe:	8.000 m
Reichweite:	1.200–2.450 km
Bewaffnung:	3 x MG 15

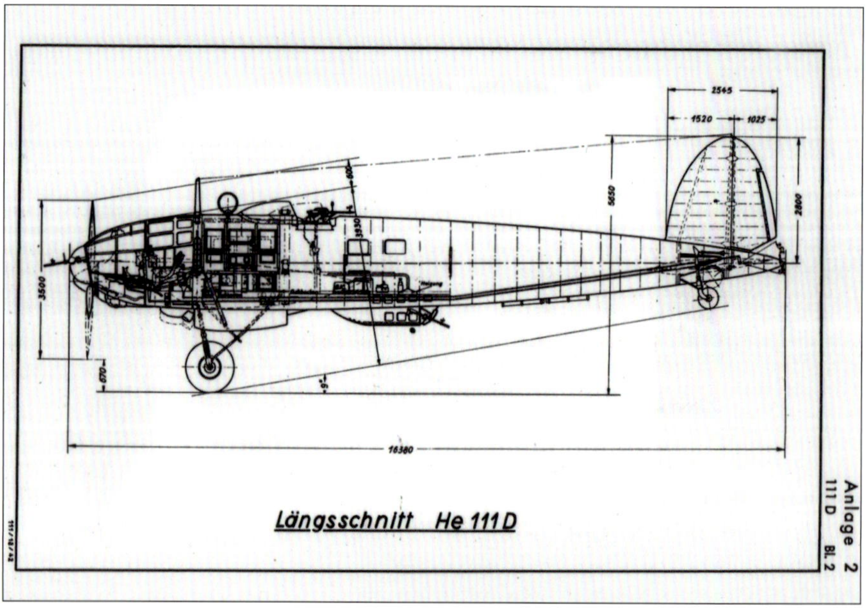

Seitenansicht des Führungsflugzeugs mit erweiterter Funkausstattung, die He 111 D. (Heinkel)

He 111 E

Die Serienfertigung der He 111 E-1, einem Mittelstreckenbomber mit Stufenkanzel und zwei Jumo 211 A-Motoren lief Ende 1937 an. Von der He 111 E-2 entstanden nur wenige, durch den Umbau vorhandener He 111 E-1. Die E-3 sollte der geplanten, nicht in Serie gebauten B-3 entsprechen, aber anstelle von DB 600 C- die leistungsstärkeren Jumo 211 A-Motoren erhalten. Etliche der Maschinen wurden später, im Rahmen von Umbauaktionen, zu Schulflugzeugen mit Doppelsteuerung umgerüstet. Von der He 111 E-1 bis E-3 verließen insgesamt 210 anstelle der geplanten 294 Maschinen die Endmontage. Davon produzierte Arado 50, je 40 stammten von der ATG und Junkers sowie 80 weitere von NDW.

Flugzeugtyp:	He 111 E-3
Verwendungszweck:	Mittlerer Bomber
Besatzung:	4
Passagiere:	---
Triebwerke:	2 x Jumo 211 A (2 x 647 kW, 880 PS)
Spannweite:	22,50 m
Länge:	17.57 m
Höhe:	4.20 m
Flügelfläche:	87,6 m²
Höchstgeschwindigkeit:	406 km/h in 6.000 m Höhe
Dauergeschwindigkeit:	320 km/h
Landegeschwindigkeit:	120 km/h
Steigzeit auf 6.000 m:	25,0 min
Leermasse:	6.352 kg
Flugmasse:	10.600 kg
Dienstgipfelhöhe:	7.800 m
Reichweite:	1.250–1.750 km
Bewaffnung:	3 x MG 15, 1.000 kg Abwurflasten

Bei den Norddeutschen Dornierwerken (NDW) entstand die He 111 E-1. (Heinkel)

He 111 F

Die Baureihe F stellte bis dahin die leistungsstärkste Ausführung der He 111 dar. Die Veränderung der von der He 111 E bekannten Tragflächenform bei der neuen Ausführung führte dazu, dass das erste Musterflugzeug erst im Juli 1937 flugklar wurde. Die neue Flächenform verbesserte die bisherigen Flugleistungen jedoch nachhaltig. Dennoch blieb die He 111 F mit 45 ausgelieferten Maschinen nur eine Kleinserie. Von dieser wurden 24 an die Türkei ausgeliefert. Bei der F-2 und F-3 sollte es bei nur drei Musterflugzeugen bleiben. Von der letzten Ausführung der Baureihe, der He 111 F-4, produzierte NDW in Wismar noch 20 Maschinen mit widerstandsarmen Einziehkühlern.

Flugzeugtyp:	He 111 F-1
Verwendungszweck:	Mittlerer Bomber
Besatzung:	4
Passagiere:	---
Triebwerke:	2 x Jumo 211 A-1 (2 x 735 kW, 1.000 PS)
Spannweite:	22,50 m
Länge:	17,57 m
Höhe:	4.20 m
Flügelfläche:	86,50 m²
Höchstgeschwindigkeit:	424 km/h in 6.000 m Höhe
Dauergeschwindigkeit:	325 km/h
Landegeschwindigkeit:	120 km/h
Steigzeit auf 6.000 m:	25 min
Leermasse:	5.830 kg
Flugmasse:	10.600 kg
Dienstgipfelhöhe:	7.800 m
Reichweite:	1.250–1.750 km
Bewaffnung:	3 x MG 15, 1.000 bis 2.000 kg Abwurflasten

Die He 111 F-1 wurde zumeist als mittleres Kampfflugzeug eingesetzt. (Heinkel)

He 111 J

Als letzte Variante mit Stufenkanzel stellte Heinkel die Baureihe He 111 J her. Diese besaß bereits die neue Fläche der Ausführung F, wurde aber noch immer von DB 600 G-Flugmotoren angetrieben. Anfangs sollte die Maschine nur in Oranienburg als Torpedobomber (WerkNrn. 5001 bis 5010) produziert werden. Ab September 1938 war dann an die Herstellung weiterer 110 Maschinen gedacht, von denen etwa 90 endmontiert wurden, ehe die Fertigung zugunsten von Maschinen mit Vollglaskanzel vorzeitig eingestellt wurde. 66 He 111 J-1 erhielten eine vergrößerte Tankanlage und trugen anschließend die Bezeichnung J-2.

Flugzeugtyp:	He 111 J-1
Verwendungszweck:	Mittlerer Bomber/Torpedobomber
Besatzung:	4
Passagiere:	---
Triebwerke:	2 x DB 600 G (2 x 708 kW, 950 PS)
Spannweite:	22,50 m
Länge:	17,57 m
Höhe:	4.20 m
Flügelfläche:	86,50 m²
Höchstgeschwindigkeit:	375 km/h in 4.000 m Höhe
Dauergeschwindigkeit:	250 km/h
Landegeschwindigkeit:	120 km/h
Steigzeit auf 6.000 m:	32,0 min
Leermasse:	6.090 kg
Flugmasse:	10.235–10.300 kg
Dienstgipfelhöhe:	7.000 m
Reichweite:	1.050–2.450 km
Bewaffnung:	3 x MG 15, 1.000–2.000 kg Abwurflasten

Teile einer He 111 J-1-Staffel während einer Verlegungsübung. (Radinger)

He 111 P

Die Baureihe He 111 P unterschied sich von der He 111 H durch die anstelle der Jumo 211 eingebauten DB 601 Aa- und A-1-Flugmotoren. Die P-1 konnte bis zu 2.000 kg Bomben tragen. Die P-2 wies eine verbesserte Funkanlage auf. Die P-3, P-5 und P-8 wurden als Schulmaschinen eingesetzt. Die P-4 besaß zwei PVC 1006-Abwurfanlagen. Bei der P-6 konnten die Abwurflasten entweder nur im Rumpf oder im Rumpf und einem Außen-ETC mitgeführt werden. Von der He 111 P-1 wurden bei Heinkel und NDW insgesamt 526 und von der P-2 weitere 308, somit insgesamt 834 Maschinen, ausgeliefert. Die He 111 P galt bereits ab 1941 als zu leistungsschwach, die Maschinen flogen aber bis zur Ablösung durch die He 111 H weiter.

Flugzeugtyp:	He 111 P-2
Verwendungszweck:	Mittlerer Bomber
Besatzung:	4
Passagiere:	---
Triebwerke:	2 x DB 601 A-1 (2 x 809 kW, 1.100 PS)
Spannweite:	22,50 m
Länge:	17,57 m
Höhe:	3,95 m
Flügelfläche:	86,50 m²
Höchstgeschwindigkeit:	395 km/h
Dauergeschwindigkeit:	250 km/h
Landegeschwindigkeit:	120 km/h
Steigzeit auf 4.000 m:	23,8 min
Leermasse:	7.455 kg
Flugmasse:	11.570 kg
Dienstgipfelhöhe:	7.000 m
Reichweite:	2.450 km
Bewaffnung:	3–5 x MG 15, 2.000 kg Abwurflasten

Oben: Die He 111 P-4 glich bis auf die Motorenausstattung der Ausführung H-4. (Rohrbach)

Rechts: Diese vom Einsatz über England zurückgekehrte He 111 P des KG 54 ging bei der Landung zu Bruch. (Stachel)

Unten: Als Verbindungsflugzeug wurde diese He 111 P-1 (D-APOW) eingesetzt. (Ricco)

He 111 H-1 bis H-5

Eine wesentliche Leistungsverbesserung brachte die Einführung der He 111 H-1 mit ihrem vollständig verglasten Rumpfbug und dem Einbau zweier Jumo 211 A. Die He 111 H-2 unterschied sich nur durch die eingebaute Funkanlage. Die H-3 wies dank der beiden Jumo 211 A-3 eine höhere Leistungsfähigkeit auf, während die Waffenanlage der H-4 neuen taktischen Belangen Rechnung trug. Die He 111 H-5 konnte selbst schwerste Abwurflasten mitführen und baute auf der H-3 auf. Von der He 111 H-1 wurden 136 Maschinen bei Arado, ATG und von Heinkel (Oranienburg) gebaut. Von der H-2 lieferten diese Hersteller 502 und von der H-3 nochmals 594 Maschinen. Von der H-4 folgten 140 und von der H-5 nochmals 560 Einsatzmuster.

Diese He 111 H-3 gehörte zur 8. Staffel des Lehrgeschwaders (LG) 1. (Rosch)

Die He 111 H-6 wurde vor allem über der Ostfront eingesetzt. (Müller-Romminger)

He 111 H-6 bis H-10

Flugzeugtyp:	He 111 H-6
Verwendungszweck:	Mittlerer Bomber
Besatzung:	5
Passagiere:	---
Triebwerke:	2 x Jumo 211 F-1 (2 x 956 kW, 1.300 PS)
Spannweite:	22,50 m
Länge:	16,38 m
Höhe:	3,95 m
Flügelfläche:	86,50 m²
Höchstgeschwindigkeit:	420 km/h in 5.000 m Höhe
Dauergeschwindigkeit:	340 km/h in 2.000 m Höhe
Landegeschwindigkeit:	120 km/h
Steigzeit auf 2.000 m:	19,0–26,0 min
Leermasse:	7.605 kg
Flugmasse:	14.000 kg
Dienstgipfelhöhe:	6.700–8.500 m
Reichweite:	1.010–2.900 km
Bewaffnung:	1 x MG FF, bis 6 x MG 15 und 1 x MG 17, 1.000–2.800 kg Abwurflasten

Die mit 1.745 Maschinen am meisten gebaute Ausführung, die He 111 H-6, entstand in Oranienburg und basierte auf den Erfahrungen mit der H-3 bis H-5. Von der Maschinen wurden 30 Lufttorpedoträger ab Werk und zahlreiche weitere mittels entsprechender Umrüstsätze erstellt. Außerdem kam der Bomber He 111 H-6 für Sonderaufgaben, etwa als Kampfzonentransporter oder Funkaufklärer, zum Einsatz. Die He 111 H-7 ging nicht in Serie, die H-8 stellte eine Sonderversion der H-6 dar, welche mit einem Ballonabweiser ausgerüstet wurde. Die H-9 wies eine verbesserte Instrumentierung auf, die ab der H-11 generell übernommen wurde. Die He 111 H-10 entstand durch Umbau der He 111 H-2 und H-3 zu Schulflugzeugen mit Doppelsteuerung.

Vorbereitung einer He 111 H-6 des KG 26 zum Einsatz mit Lufttorpedos. (LMG)

He 111 H-11 bis H-23

Von dem nächsten, der He 111 H-6 folgenden Neubauflugzeug, der He 111 H-11, wurden 501 Stück in Oranienburg produziert. Die H-11 bot, dank der modernen Abwurfanlage, die Möglichkeit, fast alle Abwurflasten zum Einsatz zu bringen. Die H-12 diente als Sonderkampfflugzeug mit Lenkflugkörpern. Von der H-14 wurden nur 30 von 50 geplanten Flugzeugen mit einer verbesserten Langstrecken-Instrumentierung hergestellt. Die He 111 H-15 sollte als Trägerflugzeug für die BV 246-Gleitbombe dienen. Etwa 1.100 He 111 H-16 waren als Nachtbomber mit der Bewaffnung der H-11 im Kampfeinsatz. Die He 111 H-17 und H-19 flogen als Schulflugzeug. Als Mehrzweckkampfflugzeuge kamen 770 He 111 H-20 heraus, die zum Teil in H-21 bis H-23 umgerüstet wurden. Im Sommer 1944 lief die Fertigung der He 111 nach etwa 7.695 Maschinen aus.

Bergung einer mit Kutonase ausgerüsteten He 111 H-16. (LMG)

Zu Bruch gegangene He 111 H-20/R1 der Transportgruppe 30. (LMG)

He 111 Z-1 und Z-2

Flugzeugtyp:	He 111 Z-1
Verwendungszweck:	Schleppflugzeug für Lastensegler
Besatzung:	10
Passagiere:	---
Triebwerke:	5 x Jumo 211 F-2 (2 x 956 kW, 1.300 PS)
Spannweite:	38,20 m
Länge:	16,38 m
Höhe:	3,95 m
Flügelfläche:	147,00 m²
Höchstgeschwindigkeit:	435 km/h
Dauergeschwindigkeit:	390 km/h
Landegeschwindigkeit:	125 km/h
Steigzeit auf 2.000 m:	--- min
Leermasse:	14.970 kg
Flugmasse:	21.400 kg
Dienstgipfelhöhe:	8.800 m
Reichweite:	1.900 km
Bewaffnung:	2 x MG 131 (MG FF), 4 x MG 81 I und 2 x MG 81 Z

Das fünfmotorige He 111-Zwillingsflugzeug entstand zum Schleppen von Lastenseglern (Z-1) sowie als Fernbomber (Z-2). Die Arbeiten liefen im Frühjahr 1941 an. Nach Abnahme zweier äußerer Flächenteile, wurden zwei He 111 H-6 mittels eines neuen 6,15 m breiten Flügelsegments, das einen fünften Motor aufwies, verbunden. Der Erstflug des ersten von zwei Musterflugzeugen (He 111 ZV1, WerkNrn. 2695, DS+EQ) fand am 02.11.1941 statt. Ab April 1942 kam es in Obertraubling zu ersten Schleppversuchen mit der Me 321. Die zweite Mustermaschine (He 111 ZV2, WerkNr. 2696, DG+RU) wurde ab dem 15.05.1942 eingeflogen. Die Anfang 1942 begonnenen Arbeiten an einer verbesserten Ausführung mit einem weiteren Waffenstand wurden vorzeitig eingestellt. Von der He 111 Z-1 wurden nur zwölf Maschinen hergestellt.

Die He 111 Z-1 diente zum Schleppen mittlerer und schwerer Lastensegler. (Krieg)

He 112

Flugzeugtyp:	He 112 B-1
Verwendungszweck:	Jagdflugzeug
Besatzung:	1
Passagiere:	---
Triebwerke:	1 x Jumo 210 G (1 x 515 kW, 700 PS)
Spannweite:	9,10 m
Länge:	9,30 m
Höhe:	3,80 m
Flügelfläche:	17,00 m²
Höchstgeschwindigkeit:	510 km/h in 4.700 m Höhe
Dauergeschwindigkeit:	395 km/h in 4.000 m Höhe
Landegeschwindigkeit:	130 km/h
Steigzeit auf 6.000 m:	9,5 min
Leermasse:	1.620 kg
Flugmasse:	2.250 kg
Dienstgipfelhöhe:	9.500 m
Reichweite:	800–1.000 km
Bewaffnung:	2 x MG FF und 2 x MG 17

Die Heinkel-Werke nahmen mit ihrem Entwurf He P 1015 an der Ausschreibung des RLMs für einen »Verfolgungsjagdeinsitzer« teil. Diese Maschine sollte die veralteten Doppeldecker-Jagdflugzeuge ablösen. Nachdem das RLM Gefallen an dem Entwurf gefunden hatte, begann der Bau von Musterflugzeugen. Die mit einem Rolls-Royce-Motor ausgestattete He 112 V1 (WerkNr. 1290, D-IADO) wurde am 01.09. 1935 eingeflogen. Bald folgte die He 112 V2 (WerkNr. 1291, D-IHGE). Inzwischen lag der Auftrag für drei Versuchsmuster und sieben Nullserienflugzeuge (A-0) vor. Ab Dezember 1935 wurde die erste He 112 eingehend in Rechlin erprobt. Anschließend kam es zum Bau von weiteren zehn Prototypen, die vielfach den Nullserien A-0 und B-0 entsprachen und teilweise als Versuchsmuster (V5 bis V13) bezeichnet wurden.

Von der Ausführung He 112 A-0 entstanden nur die erwähnten sieben, von der B-0 weitere 13 und 51 He 112 B-1-Serienflugzeuge. Von der B-1 wurden 22 an Japan, elf an Spanien, 14 an Rumänien und drei an Ungarn abgegeben. Von der Ausführung B-2 erhielt Spanien weitere acht und Rumänien 17. Bei der deutschen Luftwaffe wurde die He 112 nur über Spanien bei der Legion Condor im Kampf erprobt. 1938 wurden nahezu alle noch verfügbaren He 112 B-Jagdmaschinen kurzzeitig der IV./JG 132 zugewiesen. Ansonsten war die Maschine nur bei den deutschen Verbündeten im Einsatz.

Bei der deutschen Luftwaffe war die He 112 nur kurze Zeit beim JG 132 im Einsatz. (Koos)

Die He 112 V4 wurde von einem Jumo 210 angetrieben. (Heinkel)

Bei der rumänischen Luftwaffe flogen etwa 20 He 112 B-1 und B-2. (Lange)

He 114

Als Nachfolger der He 60 war Ende 1935 an den Bau von drei Versuchsmustern gedacht, von denen das erste, die He 114 V1 (WerkNr. 1970, D-UBAM), ab September 1936 eingeflogen wurde. Im Dezember 1936 wurde die V2 (WerkNr. 1971, D-UGAT) flugklar. Es folgten drei Versuchsmuster, zwei He 114 A-0 und fünf B-0 mit dem BMW 132 K und die B-1. Insgesamt wurde 124 He 114 gebaut, deren Baugruppen teilweise bei Heinkel entstanden, während die Weser Flugzeugbau GmbH die Endmontage übernahm. Da die He 114 nicht die in sie gesetzten Erwartungen erfüllte, wurde sie durch die Ar 196 ersetzt. Daraufhin wurde sie für den Export freigegeben und an Rumänien (23), Schweden (12) und Spanien (12) geliefert.

Flugzeugtyp:	He 114 B-1
Verwendungszweck:	Bordflugzeug und Aufklärer (See)
Besatzung:	2
Passagiere:	---
Triebwerke:	1 x BMW 132 K (1 x 706 kW, 960 PS)
Spannweite:	13,60 m
Länge:	11,65 m
Höhe:	5,23 m
Flügelfläche:	42,30 m²
Höchstgeschwindigkeit:	335 km/h in 1.000 m Höhe
Dauergeschwindigkeit:	295 km/h in 1.000 m Höhe
Landegeschwindigkeit:	120 km/h
Steigzeit auf 2.000 m:	10,0 min
Leermasse:	2.300 kg
Flugmasse:	3.670 kg
Dienstgipfelhöhe:	4.900 m
Reichweite:	880–1.050 km
Bewaffnung:	2 x MG 17 und 1 x MG 15, 2 x 50 kg Bomben bzw. Wasserbomben

Die He 114 V4 besaß zwei einseitig gekielte Schwimmer. (Heinkel)

He 115

Die He 115 sollte als Mehrzweckkampfflugzeug (See) die veraltete He 59 ablösen. Die Maschine entstand ab März 1935 aus dem Projekt He P 1017. Anfangs war geplant, die Schwimmerflugzeuge mit dem Jumo 211 auszurüsten, was jedoch scheiterte. Die ersten Maschinen erhielten daher zwei BMW 132 K. Als das erste Versuchsmuster nahm die He 115 V1 (WerkNr. 1553, D-AEHF) im August 1937 den Flugbetrieb auf. Bei der Seeprüfung setzte sie sich anschließend gegen den Mitbewerber, die Ha 140, durch. Die He 115 V2 (WerkNr. 1554, D-APDS) diente der Flug- und Geräteerprobung. Mit der He 115 V3 (WerkNr. 1555, D-ABZV) wurde die bewegliche Rohr- und die Abwurfbewaffnung getestet. Mit der He 115 V4 kam es zu Überlaststarts und mit der V5 zur Erprobung der starren Bewaffnung.

Flugzeugtyp:	He 115 B-1
Verwendungszweck:	Mehrzweckkampfflugzeug (See)
Besatzung:	3
Passagiere:	---
Triebwerke:	2 x BMW 132 K (2 x 706 kW, 960 PS)
Spannweite:	22,28 m
Länge:	17,30 m
Höhe:	6,60 m
Flügelfläche:	86,70 m²
Höchstgeschwindigkeit:	305 km/h in 1.000 m Höhe
Dauergeschwindigkeit:	295 km/h in 2.000 m Höhe
Landegeschwindigkeit:	100 km/h
Steigzeit auf 2.000 m:	10,8 min
Leermasse:	6.715 kg
Flugmasse:	10.420 kg
Dienstgipfelhöhe:	5.200 m
Reichweite:	2.200–2.800 km
Bewaffnung:	2 x MG 15 und 2 x MG 17, 1 x LT oder SC 500/ SD 500 oder LMB III

Die erste He 115 beim Start vor Ribnitz-Damgarten. (Heinkel)

Die He 115 war bei der 1. und 3./KüFlGr 106, der 1./KüFlGr 406, der 1. bis 3./KüFlGr 506 sowie bei der 1. und 3./KüFlGr 906 im Einsatz. Dabei wurden die Maschinen zum Abwurf von Bomben, Luftminen und Lufttorpedos, zu Seenoteinsätzen und zur U-Boot-Bekämpfung genutzt. Die meisten Maschinen wurden mehrfach nachgerüstet, ohne dass am Ende eine wirkliche Leistungserhöhung durch zwei entsprechend schwere Flugmotoren erfolgte. Insgesamt verließen 202 He 115-Serienflugzeuge die Produktion. Von diesen Maschinen wurden sechs an Norwegen und zwölf an Schweden verkauft.

Die He 115 V2 besaß den zuvor an der He 59 erprobten Bugstand. (Heinkel)

Zur 2. Staffel der Küstenfliegergruppe 506 gehörte diese, mit einem MG 151/20 ausgerüstete He 115 C-1. (Heinkel)

He 116

Im Februar 1935 schrieb das RLM im Einvernehmen mit der Deutschen Lufthansa (DLH) die Entwicklung einer viermotorigen Langstreckenmaschine, welche speziell für den Luftpostverkehr über den Atlantischen Ozean dienen sollte, aus. Das Musterflugzeug, die He 116 V1 (WerkNr. 545, D-AJIE), stieg am 09.12.1936 erstmals auf. Es folgte die Fertigstellung der He 116 V2 (WerKNr. 546, D-ATIO), welche am 27.05.1938 nahe der Insel Langeoog abstürzte. Mit der He 116 V3 (WerkNr. 1969, D-ARFD), gelang im Sommer 1939 ein beachtlicher Langstrecken-Rekordflug von 10.000 km Distanz. Die verbliebenen Musterflugzeuge wurde nach Kriegsbeginn zumeist für militärische Aufgaben verwandt und

Flugzeugtyp:	He 116 A-1
Verwendungszweck:	Langstrecken-Postflugzeug
Besatzung:	3–4
Passagiere:	---
Triebwerke:	4 x Hirth HM 408 (4 x 199 kW, 270 PS)
Spannweite:	22,00 m
Länge:	13,70 m
Höhe:	3,80 m
Flügelfläche:	62,90 m²
Höchstgeschwindigkeit:	375 km/h in 3.000 m Höhe
Dauergeschwindigkeit:	355 km/h in 3.000 m Höhe
Landegeschwindigkeit:	105 km/h
Steigzeit auf 6.000 m:	32,0 min
Leermasse:	4.050 kg
Flugmasse:	3.080 kg
Dienstgipfelhöhe:	6.600–7.600 m
Reichweite:	4.100 km
Bewaffnung:	keine

Oben: Mit der He 116 V1 wurde versuchsweise die Strecke nach Bathurst bedient. (Heinkel)
Unten: Der Triebwerkserprobung soll diese He 116 A gedient haben. (Radinger)

Die meisten He 116 mit Vollsichtkanzel flogen bei den Luftdienst (LD)-Kommandos. (Selinger)

zu Verbindungsaufgaben herangezogen.
Ab Ende 1938 wurde die mit einer Stufenkanzel versehene He 116 A konstruktiv geändert und erhielt einen vollständig verglasten Rumpfbug. Die 23, auch als »He 116 für Sonderzwecke« bezeichneten Flugzeuge, wurden anschließend einem der Luftdienstkommandos der Luftwaffe zugeteilt. Die Verwendung bei der Versuchsstelle für Höhenflüge sowie bei der Aufklärungsstaffel des ObdL endete kurz nach dem 19.01.1941, als es zum Verlust von zwei He 116 A (WerkNrn. 3055 und 3058) gekommen war. Zwei He 116 mit Stufenkanzel wurden an Japan veräußert.

He 113 und He 118

Flugzeugtyp:	He 118 A-03
Verwendungszweck:	Schweres Sturzkampfflugzeug
Besatzung:	2
Passagiere:	---
Triebwerke:	1 x Daimler-Benz DB 600 C (1 x 669 kW, 910 PS)
Spannweite:	15,00 m
Länge:	11,80 m
Höhe:	4,20 m
Flügelfläche:	37,70 m²
Höchstgeschwindigkeit:	400 km/h in 5.000 m Höhe
Dauergeschwindigkeit:	335 km/h in 2.000 m Höhe
Landegeschwindigkeit:	115 km/h
Steigzeit auf 6.000 m:	20,5 min
Leermasse:	2.700 kg
Flugmasse:	4.150 kg
Dienstgipfelhöhe:	9.500 m
Reichweite:	1.000–1.250 km
Bewaffnung:	keine

Aus dem Entwurf eines modernen Sturzkampfflugzeugs, das kurze Zeit als He 113 bezeichnet wurde, entstand ab Mai 1935 ein überarbeiteter Entwurf, der im Spätsommer 1935 zum Projekt He P 1030 wurde, und auf dem die He 118 aufbaute. Ein leicht abgewandelter Entwurf sollte als Trägerflugzeug zum Zuge kommen. Infolge neuer Vorgaben des RLMs erfolgte der Einflug der He 118 V1 (WerkNr. 1293, D-UKYM) erst am 14.02.1936. Da die Leistungstests relativ gut ausfielen, wurde die Serienfertigung beschlossen. Im Oktober 1936 schien festzustehen, dass die He 118 die geplante Ju 87 schnellstmöglich ersetzen sollte. Es kam zur Bestellung weiterer Maschinen. Nachdem das RLM sich letztlich für die Ju 87 A-1 entschieden hatte, blieb es bei nur 13 He 118, von denen drei an Japan gingen.

Die He 118 V1 (D-UKYM) besaß noch ein in Holzbauweise ausgeführtes Leitwerk. (Heinkel)

He 119

Im November 1935 erteilte das RLM mehreren Herstellern den Auftrag, ein Rekordflugzeug für den 1937 geplanten Weltflug zu entwickeln. Da Heinkel diesem weniger Bedeutung als der Entwicklung eines Schnellbombers beimaß, kam es zu entsprechenden Studien, die schließlich zu drei Versuchsmustern, der He 119 SV1 bis SV3 (WerkNr. 2402, 2403 und 2405), führten. Der Erstflug der SV1 erfolgte im Juni 1937. Schon am 16.12.1937 ging die Maschine verloren. Die SV2 wurde 1938 mit zwei Schwimmern ausgerüstet und erprobt, fand letztlich aber kein Interesse beim RLM. Die He 119 SV3 wurde im März 1941 der Deutschen Luftfahrtsammlung übergeben. Im Mai 1940 flog die SV4, die mit einem schweren DB 610 ausgerüstet war. Zusammen mit einer zweiten He 119 traf die Maschine schließlich in Japan ein.

Flugzeugtyp:	He 119 V1
Verwendungszweck:	Schnellbomber (Versuchsflugzeug)
Besatzung:	2
Passagiere:	---
Triebwerke:	1 x DB 606 A-1/B-1 (1 x 1.728 kW, 2.350 PS)
Spannweite:	16,00 m
Länge:	14,08 m
Höhe:	5,40 m
Flügelfläche:	51,60 m²
Höchstgeschwindigkeit:	585 km/h in 4.500 m Höhe
Dauergeschwindigkeit:	485 km/h in Bodennähe
Landegeschwindigkeit:	120 km/h
Steigzeit auf 6.000 m:	11,0 min
Leermasse:	5.120 kg
Flugmasse:	8.100 kg
Dienstgipfelhöhe:	8.500 m
Reichweite:	2.650–3.000 km
Bewaffnung:	keine

Die He 114 V1 (D-AUTE) während der Vorbereitung zum Flug. (Herwig)

He 162 »Spatz«

Seit Frühjahr 1944 arbeitete das Entwicklungsbüro an der Schaffung eines einstrahligen Jagdeinsitzers (P 1073), dessen Baubeschreibung am 10.07.1944 vorgelegt wurde. Die Maschine glich der späteren He 162, einem Jagdflugzeug, das in mehreren Fertigungskreisen – unter der Regie von Heinkel und Junkers – in riesigen Stückzahlen gebaut werden sollte. Die spätere Ausschreibung war im Grund bedeutungslos, da längst entschieden war, dass der Heinkel-Entwurf das Rennen machen würde, um so die nach der Einstellung von He 111 und He 177 kaum ausgelasteten Produktionsbetriebe, auf Dauer zu erhalten. Da das Projekt bereits zum Zeitpunkt der Ausschreibung ausgearbeitet war, glückte es Heinkel binnen weniger Monate eine brauchbare Konstruktion zu präsentieren.

Das erste Musterflugzeug der He 162 (M1, WerkNr. 200001), wurde am 06.12.1944 in Heidfeld (Wien-Schwechat) eingeflogen, ging aber schon beim zweiten Flug infolge baulicher Mängel zu Bruch. Die Konstruktion musste anschließend überarbeitet werden und wurde Anfang 1945 noch mehrmals geändert.

Insgesamt fielen die Flugleistungen schwächer als errechnet aus und stimmten mit den Typenblätter vielfach nicht überein. Die ersten Serienflugzeuge der Ausführung He 162 A-1 (MK 108) und A-2 (MG 151) wurden bei Heinkel-Nord (in den Werken Barth und Rostock), sowie bei Junkers in Bernburg in Serie produziert. Die Erprobung und der Musterbau erfolgten bei Heinkel-Süd im Raum Wien. Au-

Alle Versuchsmuster, hier die He 162 M1, trugen die Bezeichnung »Musterflugzeug«. (Heinkel)

ßerdem sollten die Wiener Neustädter Flugzeugwerke (WNF), unter anderem bei Klagenfurt, massiv in die Fertigung eingebunden werden.

Erst ab Ende März 1945 lief die Fertigung in nennenswertem Umfang an, zu einer Zeit, als der völlige Zusammenbruch bereits unmittelbar

Oben: Die erste aus der Junkers-Produktion in Bernburg stammende He 162 A-1. (LMG)

Unten: Heinkel stellte Übungsgeräte für die He 162 A-1/A-2 »Spatz« her. (Radinger)

bevorstand. Die Herstellung der He 162 A-3, eines zweisitzigen Schulflugzeugs, scheiterte ebenso, wie die Produktion von Maschinen mit dem Jumo 004 oder dem HeS 011. Als einziger Verband, der sich im Frühjahr 1945 in Umrüstung befand, nahm das JG 1 den Einsatz mit dem »Spatz« erst Ende April 1945 auf. Die wenigen, zumeist der Bekämpfung von Tieffliegern über Schleswig-Holstein dienenden Einsätze, verliefen nahezu erfolglos. Außer gut 25 Musterflugzeugen (M), wurden nur 97 He 162 A,

Flugzeugtyp:	He 162 A-2
Verwendungszweck:	Leichter Strahljäger
Besatzung:	1
Passagiere:	---
Triebwerke:	1 x BMW 003 E-1/E-2 (1 x 8,04 kN, 920 kp)
Spannweite:	7,20 m
Länge:	9,05 m
Höhe:	2,60 m
Flügelfläche:	11,16 m²
Höchstgeschwindigkeit:	760 km/h in Bodennähe
Höchstgeschwindigkeit:	840 km/h in 2.000 m Höhe
Landegeschwindigkeit:	170 km/h
Steigzeit auf 2.000 m:	2,0 min
Leermasse:	1.670 kg
Flugmasse:	2.920 kg
Dienstgipfelhöhe:	>8.000 m
Reichweite:	350–850 km
Bewaffnung:	2 x MK 151/20

darunter mindestens 68 He 162 A-2, fertiggestellt. Außer 116 abgenommenen He 162 waren im April 1945 weit mehr Maschinen im Bau.

Untertageproduktion von Musterflugzeugen in der »Seegrotte« bei Mödling. (LMG)

Blick in den Führerraum der He 162 A-2. (LMG)

He 176

Die He 176 gilt als Meilenstein in der Luftfahrtgeschichte. 1936 hatte das RLM ein Versuchsflugzeug mit Raketenantrieb gefordert. Es entstand das Projekt He P 1033. Die 1:1 große Attrappe wurde am 16.01.1935 vom RLM besichtigt, worauf der Entwurf die RLM-Nr. 8-176 erhielt. Die He 176 wurde mit einem Raketentriebwerk des Typs R-I-203 (HWK) zunächst am Boden getestet. Bis zum 14.04.1939 kam es zu knapp 30 kurzen »Flügen« von bis zu 100 m Weite. Bis zum 14.04.1939 erfolgten bis zu 29 Flugtests. Die erste Platzrunde glückte am 15.06.1939. Am 20.07.1939 erreichte Flugkapitän Erich Warsitz kurzzeitig eine Geschwindigkeit von 860 km/h. Die Arbeiten wurden auf Weisung von Ernst Udet abgebrochen, worauf die Maschine 1940 ins Museum kam. Außerdem waren noch zwei Versuchsmuster, die He 176 V2 und V3, im Bau, wurden aber vorzeitig verschrottet.

Flugzeugtyp:	He 176 V1
Verwendungszweck:	Versuchsflugzeug mit Raketenantrieb
Besatzung:	1
Passagiere:	---
Triebwerke:	1 x HWK R-I-203 (1 x 6,07 kN, 600 kp)
Spannweite:	5,00 m
Länge:	6,20 m
Höhe:	1,44 m
Flügelfläche:	5,50 m²
Höchstgeschwindigkeit:	750 km/h in 4.000 m Höhe (rechnerisch)
Dauergeschwindigkeit:	710 km/h in 4.000 m Höhe (rechnerisch)
Landegeschwindigkeit:	135 km/h
Steigzeit auf 4.000 m:	--- min
Leermasse:	700 kg
Flugmasse:	1.620 kg
Dienstgipfelhöhe:	9.000 m (rechnerisch)
Reichweite:	110 km
Bewaffnung:	keine

Diese Seitenansicht der He 176 V1 entstand im Sommer 1936. (Rohrbach)

He 177-Versuchsmuster

Bis April 1936 hatte das RLM erstmals Richtlinien für einen Fernbomber, den »Bomber A«, den Heinkel unter der Projektbezeichnung P 1041 ab November 1936 entwickelte, bestimmt. Das Fernkampfflugzeug wurde, nachdem das RLM die Vorgaben entscheidend geändert hatte, als He 177 neu konzipiert. Anstelle eines schweren Horizontalbombers galt es, einen Gleitbomber zu entwickeln. Am 28.09.1938 traf ein Auftrag über zehn Musterstücke ein. Trotz der geplanten Verwendung neuartiger Doppelmotoren war der Zeitrahmen für die Entwicklung sehr eng gehalten. Durch ständig neue Einbauwünsche, die eine Erhöhung der Flugmasse bedingten, sanken die Leistungen. Der Erstflug der He 177 V1 (WerkNr. 177 0000 001, CB+RP) fand daher erst 20.11.1939 statt. Es folgten weitere 39 Versuchs- und Musterflugzeuge.

Das erste Versuchsmuster der He 177 (V1, CB+RP) diente der fliegerischen Erprobung. (Heinkel)

Bei diesem Versuchsmuster soll es sich um die He 177 V3 (D-AGIG) gehandelt haben. (Kössler)

He 177 A-0 bis A-4

Von den He 177 A-0 liefen bei Arado und Heinkel insgesamt 35 vom Band. Das erste, in Rostock-Marienehe gebaute Nullserienflugzeug, traf am 19.05.1941 zur Erprobung in Rechlin ein. Die geringe Betriebssicherheit der DB 606 A/B-Doppelmotoren hemmte die Entwicklung noch für längere Zeit. Probleme mit der Längsstabilität und die zu hohe Flächenbelastung führten am Ende dazu, dass die Großserie (He 177 A-1) erst ab Anfang 1942 anlief. Die Ausführung war baugleich mit der A-0, besaß aber sechs 2000 XIIIB-Bombenschlösser. Die He 177 A-2 und A-4, beides Höhenkampfflugzeuge mit Druckkabine und fernbedienbarer Defensivbewaffnung, gingen niemals in Serie. Zu einer der wichtigsten Ausführungen wurde der Bomber He 177A-3, welcher zwei DB 610 A/B-Doppelmotoren erhielt. Ihre Fertigung lief im Juni 1944 aus.

Der Erprobung einer fernbedienbaren Waffenanlage für die A-2 und A-4 diente diese He 177 A-1. (Heck)

Beim Kampfgeschwader (KG) 1 wurde diese He 177 A-3 im Sommer 1944 gegen Bodenziele in der UdSSR eingesetzt. (LMG)

He 177 A-5

Die Produktion der He 177 A-5, welche vorverlegte DB 610-Triebwerke und einen verlängerten Rumpf aufwies, lief bei Heinkel ab April 1944, und bei Arado ab August 1944, an. Während Heinkel nur 71 im Werk Oranienburg fertigstellte, produzierte Arado die letzten 22 von schließlich 565 He 177 A-5 im Sommer 1944. Im September 1944 verfügte das RLM die Einstellung aller Arbeiten an der He 177 zu Gunsten der Jägerproduktion. Die Fernkampfflugzeuge wurden zumeist mit zwei Hs 293 A-Gleitbomben oder einer PC 1400 X gegen Schiffsziele eingesetzt. Nur ein Teil der Maschinen war dabei mit einem FuG 200-Suchgerät ausgerüstet. Die Masse der im Spätsommer 1944 noch verfügbaren Maschinen wurde bald nach dem Ausbau der Motoren verschrottet.

Flugzeugtyp:	He 177 A-5
Verwendungszweck:	Nah-, Mittel- und Fernbomber
Besatzung:	6
Passagiere:	---
Triebwerke:	2 x DB 610 A-1/B-1 (2 x 1.985 kW, 2.750 PS)
Spannweite:	31,44 m
Länge:	22,14 m
Höhe:	5,50 m
Flügelfläche:	100,00 m²
Höchstgeschwindigkeit:	500 km/h
in 6.000 m	700 km/h
Landegeschwindigkeit:	150 km/h
Steigzeit auf 2.000 m:	17,0 min
Leermasse:	16,800 kg
Flugmasse:	31.000 kg
Dienstgipfelhöhe:	7.000 m
Reichweite:	4.500 km
Bewaffnung:	2 x MG 151/20, 4 x MG 131 und 1 x MG 81, 2.800 kg Abwurflasten

Maschinen, wie diese intensiv getarnte He 177 A-5, flogen zumeist Angriffe gegen Seeziele. (Weber)

He 177 A-6 bis A-10

Als letzte Ausführungen entstanden durch den Umbau von He 177 A-3 und A-5 zwei unterschiedlich ausgerüstete Langstreckenkampfflugzeuge. Von diesen stellte die He 177 A-6 eine stärker bewaffnete Ausführung der A-5 dar. Dank einer 4-rohrigen Hecklafette (HL 131 V) bestand nun ein größerer Schutz gegen von hinten anfliegende Jagdflugzeuge. Wesentlich höhere Leistungen erbrachte die He 177 A-7, welche einen neuen Kabinenbereich und eine auf 108 m² vergrößerte Flügelfläche aufwies. Bei der He 177 A-8 und A-9 hätte es sich um den geplanten Umbau der A-3- und A-6-Maschinen auf vier Einzeltriebwerken gehandelt. Die He 177 A-10 stellte die A-7 mit vier einzelnen DB 603 E dar. Nur einige Musterflugzeuge der A-6 und A-7 (als »kleine Lösung«) wurden zumeist aus vorhandenen He 177 A-5 umgebaut.

Oben: Nur wenige He 177 A-6-Musterflugzeuge mit einer Hecklafette (HL) 131 V wurden gebaut. (Creek)

Unten: Von der He 177 A-7 entstanden nur einige Musterflugzeuge durch den Umbau von A-5-Serienflugzeugen. (Trautmann)

He 177 B-5 bis B-7 (He 277)

Die He 177 B-5 stellte eine He 177 A-5 mit vier einzelnen DB 603-Flugmotoren anstelle von vier DB 610-Doppelmotoren dar. Es wurden vier Musterflugzeuge B-5/V101 bis V104, von denen nur die V102 und V104 das neue doppelte Seitenleitwerk erhielten, erstellt. Die He 177 B-6 unterschied sich grundlegend von der He 177 A-6, obwohl auch sie mit einem Vierlingsheckturm ausgestattet war. Die He 177 B-7 war gleichfalls als Fernkampfflugzeug ausgelegt und hatte eine aus zwei MG 15/20 und acht MG 131 bestehende Bewaffnung. Die drei neuen Ausführungen sollten bis spätestens Sommer 1944 durchkonstruiert sein und zwischen Herbst 1944 und Oktober 1945 an die Front kommen. Zeitweise wurden die He 177 B-5 bis B-7 als He 277 bezeichnet.

Flugzeugtyp:	He 177 B-5 (V101)
Verwendungszweck:	Fernkampfflugzeug (Versuchsmuster)
Besatzung:	5–6
Passagiere:	---
Triebwerke:	4 x DB 603 E (4 x 1.287 kW, 1.750 PS)
Spannweite:	31,44m
Länge:	22,45 m
Höhe:	5,50 m
Flügelfläche:	108,00 m²
Höchstgeschwindigkeit:	540 km/h in 6.000 m Höhe
Höchstgeschwindigkeit:	445 km/h in Bodennähe
Landegeschwindigkeit:	155 km/h
Steigzeit auf 6.000 m:	--- min
Leermasse:	19.000 kg
Flugmasse:	33.500 kg
Dienstgipfelhöhe:	9.000 m
Reichweite:	3.850 km
Bewaffnung:	2 x MG 151 Z, 1 x 131V, 1 x MG 131Z und 1 x MG 131I, (geplante Ausrüstung für Serie)

Das erste Musterflugzeug (NE+OD) der B-5 trug die Bezeichnung He 177 V101. (Creek)

He 178

Seit 1933 befasste sich Dr.-Ing. Hans von Ohain, der ab 1936 für Ernst Heinkel arbeitete, mit dem Strahlantrieb. In einer Sonderabteilung entstanden ab 1938 etliche unterschiedliche Strahlturbinen. Am 09.07.1938 schlug Walter Günter die Herstellung eines Erprobungsmusters zum Testen des neuartigen Antriebs vor. Nachdem im August 1938 die Attrappe der künftigen He 178 durch das RLM besichtigt worden war, begann der Bau der He 178 V1. Die Bodenversuche verliefen günstig, so dass Flugkapitän Erich Warsitz am 27.08.1939 den Erstflug mit der He 178 V1 wagte. Im November 1939 kam es zur Vorführung vor Ernst Udet. Angesichts der damaligen Kriegslage bestand kein Interesse an der He 178 V1 und an der im Bau befindlichen He 178 V2; die wenig später verschrottet wurde.

Flugzeugtyp:	He 178 V1
Verwendungszweck:	Versuchsflugzeug für Strahlantriebe
Besatzung:	1
Passagiere:	---
Triebwerke:	1 x He S 3 b (1 x 4,9 kN, 500 kp)
Spannweite:	7,20 m
Länge:	7,48 m
Höhe:	2,10 m
Flügelfläche:	9,10 m²
Höchstgeschwindigkeit:	595 km/h
Dauergeschwindigkeit:	--- km/h
Landegeschwindigkeit:	165 km/h
Steigzeit auf 4.000 m:	--- min
Leermasse:	1.620 kg
Flugmasse:	1.998 kg
Dienstgipfelhöhe:	--- m
Reichweite:	--- km
Bewaffnung:	keine

Ansicht der in Gemischtbauweise erstellten Attrappe der He 178. (Heinkel)

He 219

Flugzeugtyp:	He 219 A-7
Verwendungszweck:	Nachtjäger
Besatzung:	2
Passagiere:	---
Triebwerke:	2 x DB 603 E (2 x 1.287 kW, 1.750 PS)
Spannweite:	18,50 m
Länge:	15,54 m
Höhe:	4,40 m
Flügelfläche:	44,50 m²
Höchstgeschwindigkeit:	575 km/h in 4.000 m Höhe
Dauergeschwindigkeit:	505 km/h in 4.000 m Höhe
Landegeschwindigkeit:	150 km/h
Steigzeit auf 7.000 m:	14,1 min
Leermasse:	8.100 kg
Flugmasse:	12.500 kg
Dienstgipfelhöhe:	9.800 m
Reichweite:	1.500–2.000 km
Bewaffnung:	2 x MG 151/20 und 2 x MK 108 (Rüstsatz)

Das seit 1940 bearbeitete Projekt He P 1055 diente anfangs der Entwicklung eines Schnellbombers, der He 219. Ab Oktober 1941 forderte das OKL völlig überraschend, den bisherigen Entwurf zu einem zweisitzigen Nachtjäger weiterzuentwickeln. Die He 219 V1 (WerkNr. 219001, VG+LW) flog erstmals am 06.11.1942. Die zweite Mustermaschine (WerkNr. 219002, GG+WG) folgte am 10.01.1943. Die Nullserie He 219 A-0 wurde ab Sommer 1943 in Rostock bei Heinkel-Nord sowie in Wien bei Heinkel-Süd produziert. Die ersten Nachtjäger waren zunächst mit einem FuG 212-Suchgerät, die späteren ab September 1943 mit dem leistungsfähigeren FuG 220 ausgestattet. Außer der He 219 A-0 (Nullserienflugzeug) kamen nur die Bauserien A-2 mit Schrägbewaffnung und A-7 mit DB 603-Einheitstriebwerk zur Ausführung.
Die Baureihen He 219 A-1 und A-3 waren als Bomber geplant und entfielen auf Grund der Vorgaben des RLMs. In die leichtere He 219 A-6 wurden zwar große Hoffnungen als Mosquito-Jäger gesetzt, doch fehlten hierzu die

Der erste Prototyp der He 219 (V1, VG+LW) trug einen nachtschwarzen Anstrich. (Heinkel)

Überführungsflug der He 219 A-2 mit schwarzen Rumpf- und Flächenunterseiten. (Radinger)

entsprechenden Höhenmotoren. Die geplante zweisitzige He 219 B-1 sollte ab April 1945 mit Jumo 222 A/B vom Band laufen. Die dreisitzige B-2 fiel mit ihrem MG 131-Vierlingsturm viel zu aufwendig aus. Die He 219 C-1, ein Nachtjäger mit größeren Tragflächen und zwei Jumo 222 E/F, scheiterte an weiterhin fehlenden Hochleistungsmotoren. Im Mai 1944 forderte das RLM plötzlich den Bau der He 219 C-2, ein Mehrzweckkampfflugzeug. Dieses und die He 219 D-1, die mit zwei Jumo 213 E geplant war, blieben Projekte.

Diese He 219 A-0 (WerkNr. 190038) gehörte zum Bestand der 1./NJG 1. (Remp)

He 274

Als gut ausgestattetes Höhenfernkampfflugzeug schlug Heinkel die He 274 vor. Im Oktober 1941 erging an Farman im besetzen Frankreich der Auftrag zur Ausarbeitung eines Entwurfs, der sich stark an die He 177 H-Höhenbomber anlehnen sollte. Heinkel wollte einen mit vier DB 603-Motoren zu versehenden Höhenfernaufklärer bis spätestens im Frühjahr 1942 fertigstellen. Die Arbeiten zogen sich in Frankreich jedoch länger als geplant hin. Die fertigen Baugruppen sollten nach Oranienburg gebracht, dort zu kompletten Maschinen montiert und bei der Versuchsstelle für Höhenflüge erprobt werden. Im April 1944 wurde der bisherige Auftrag auf drei Musterflugzeuge reduziert, von denen das erste im August 1944 flugklar werden sollte, was infolge des alliierten Vormarsches nicht gelang. Der Erstflug erfolgte daher erst am 30.12.1945 in Frankreich. Die zweite Maschine flog dort ab am 22.12.1947.

Flugzeugtyp:	He 274 V1 (A.A.S.-01)
Verwendungszweck:	Höhenfernkampfflugzeug (Versuchsmuster)
Besatzung:	3
Passagiere:	---
Triebwerke:	4 x DB 603 E mit TK 11B-Lader (4 x 1.287 kW, 1.750 PS)
Spannweite:	44,00 m
Länge:	19,84 m
Höhe:	5,50 m
Flügelfläche:	142,00 m²
Höchstgeschwindigkeit:	600 km/h in 11.000 m
Dauergeschwindigkeit:	450 km/h in 3.000 m
Landegeschwindigkeit:	158 km/h
Steigzeit auf 6.000 m:	32,5 min
Leermasse:	21,645 kg
Flugmasse:	36.000 kg
Dienstgipfelhöhe:	14.300 m
Reichweite:	3.100–5.800 km
Bewaffnung:	2 x MG 131 Z in FDL 131 Z-Lafetten (geplant), 1 x MG 131 (geplant)

Die Serienproduktion des Fernkampfflugzeugs He 274 scheiterte 1944 infolge der Kriegslage. (Ricco)

He 180 und He 280

Flugzeugtyp:	He 280 V2
Verwendungszweck:	Jagdflugzeug
Besatzung:	1
Passagiere:	---
Triebwerke:	2 x He S 8 V14/15 (2 x 7,06 kN, 720 kp)
Spannweite:	12,00 m
Länge:	10,40 m
Höhe:	3,06 m
Flügelfläche:	21,50 m²
Höchstgeschwindigkeit:	770 km/h in 6.000 m Höhe
Dauergeschwindigkeit:	730 km/h in Bodennähe
Landegeschwindigkeit:	140 km/h
Steigzeit auf 2.000 m:	8,3 min
Leermasse:	3.55 kg
Flugmasse:	4.300 kg
Dienstgipfelhöhe:	11.500 m
Reichweite:	410–970 km
Bewaffnung:	keine

Die am 04.01.1939 vom RLM erlassenen Richtlinien für ein zweistrahliges Jagdflugzeug, führten vor allem bei Heinkel und Messerschmitt zu umfangreichen Entwürfen. Die als überlegen angesehenen Strahljäger He 180 und Me P 1065, sollten, so die Ansicht von RLM und OKL im Spätsommer 1941, schon ab Ende 1942 die Reichsverteidigung sicherstellen. Beim Antrieb der He 180 setzte das RLM zunächst auf zwei He S8-Strahlturbinen, die baldmöglichst durch He S9 ersetzt werden sollten. Aus der He 180 wurde die He 280, deren erste Versuchsmaschine, die He 280 V1 (WerkNr. 280 000 001, DL+AS), am 13.01.1943 abstürzte, ehe es zum Einbau der geplanten Triebwerke, kam. Die mit zwei He S8-Turbinen ausgerüstete He 280 V2 (WerkNr. 290 0000 002, GJ+CA) flog ab dem 30.03.1941 und ging am 26.06.1943 zu Bruch.

Die He 280 V2 am 30.03.1941 im Flug. (Heinkel)

Die He 280 V3 (GJ+CB) im Juli 1943 im Schlepp einer Zugmaschine. (Heinkel)

Die He 280 V3 flog bis zum 19.04.1943. Es folgte die V4, die später zur V8 wurde, während die V5 und V6 nicht fertiggestellt wurden. Die He 280 V7 (NU+EB) wurde ab dem 19.04.1943 im Schlepp einer He 111 H getestet. Die He 280 V8 absolvierte ihren Erstflug mit Hilfe von zwei Jumo 004-Turbinen am 18.07.1943. Zwei der Prototypen (V7 und V8) wurden später von der DFS als antriebslose Versuchsmuster für Hochgeschwindigkeits-Flüge eingesetzt. Ab dem 1.03.1943 zeichnete sich ab, dass das RLM die Me 262 A-1a befürwortete. Kurz darauf wurden am 27.03.1943 alle Arbeiten an der He 280 eingestellt.

In Hörsching wurde die He 290 V7 (D-IECM) zu Hochgeschwindigkeitstests verwandt. (Creek)

He 343

Flugzeugtyp:	He 343 V1
Verwendungszweck:	Schwerer Strahlbomber (Versuchsmuster)
Besatzung:	2
Passagiere:	---
Triebwerke:	4 x HeS 011 A-1 (4 x 12,74 kN, 1.300 kp)
Spannweite:	18,00 m
Länge:	16,50 m
Höhe:	5,25 m
Flügelfläche:	42,50 m²
Höchstgeschwindigkeit:	825 km/h in Bodennähe
Höchstgeschwindigkeit:	835 km/h in 6.000 m Höhe
Landegeschwindigkeit:	170 km/h
Steigzeit auf 6.000 m:	17,5 min
Leermasse:	10.655 kg
Flugmasse:	17.945 kg
Dienstgipfelhöhe:	14.800 m
Reichweite:	1.600 km
Bewaffnung:	keine

Bereits im Frühjahr 1942 befasste sich das Entwicklungsbüro mit der Schaffung eines schweren Strahlbombers. Bis Januar 1943 entstand das Projekt He P 1068 »Strabo«, wobei als Antrieb möglichst vier HeS 011 A - 1-Turbinen dienen sollten. Als Alternative war an die Bestückung mit vier Jumo 004 B-2 gedacht. Am 23.11.1943 erhielt das RLM die entsprechenden Werksunterlagen, wonach es zu einer vorläufigen Auftragserteilung kam. Als vergrößerte Ausführung, dem »Strabo 16 t« entstand hieraus das Projekt eines Bombers, dessen Auslegung an die der Ar 234 angelehnt war. Am 17.02.1944 traf ein endgültiger Auftrag über 20 Maschinen ein, die als He 343 gebaut werden sollten. Die Musterflugzeuge waren nicht nur als Bomberträger, sondern auch als Fernaufklärer und Zerstörerflugzeuge mit bis zu vier 3 cm-Waffen geplant.

Die zuletzt geplante Maschine war so ausgelegt, dass in ihrem Bombenschacht selbst eine PC 1400 X-Bombe genügend Platz gefunden hätte. Die Maschine galt Mitte 1944 daher als ernst zu nehmendes Konkurrenzmuster zur Ju 287 A-1. Wegen der sich bis Sommer 1944 erheblich verschlechternden Kriegslage wurde der bisherige Auftrag auf nur zwei Versuchsmuster und eine Bruchzelle reduziert. Im Herbst 1944 stoppte das RLM

Modell der He 343 mit vier einzelnen Strahlturbinen. (Nowarra)

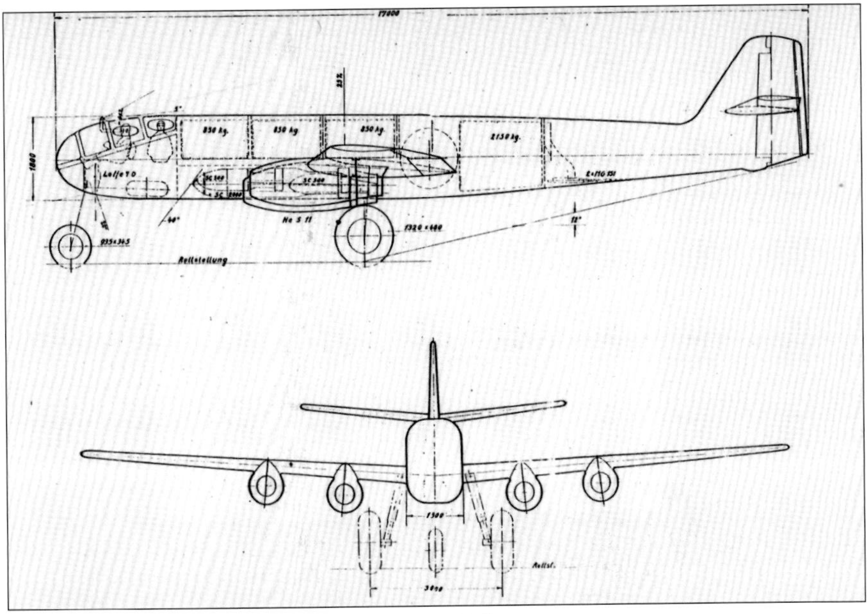

Zeichnung der He P 1068 mit vier Triebwerken. (Heinkel)

alle weiteren Arbeiten an der He 343, worauf die bis dahin entstandenen Baugruppen eingelagert wurden. Der geplante Weiterbau entfiel. Bei Kriegsende wurden in Wien-Schwechat Teile der ersten beiden He 343 von der Roten Armee erbeutet.

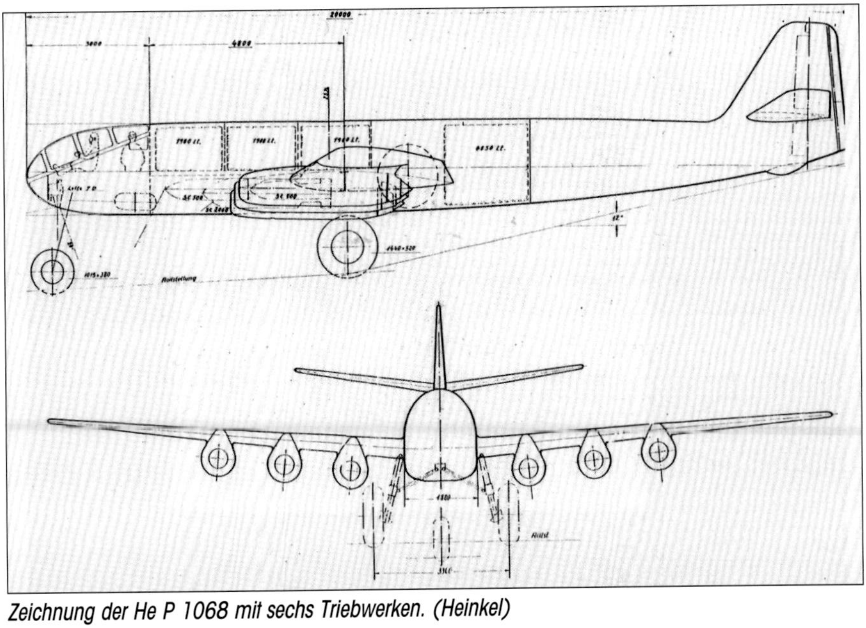

Zeichnung der He P 1068 mit sechs Triebwerken. (Heinkel)

He P 1065 »Arbeitsflugzeug«

Am 22.05.1942 sprach sich Generalfeldmarschall E. Milch für die Entwicklung eines »Arbeitsflugzeugs« aus, worauf die verschiedensten Entwürfe unter der Projektbezeichnung He P 1065 entstanden. Außer konventionellen zwei- (BMW 801 E, DB 609 oder Jumo 222 C) und ein-motorigen Versionen (DB 613), wurde auch eine asymmetrische Variante durchgerechnet. Die Maschinen sollten jeweils einen Heckstand mit einem MG 151 Z-Waffenstand, teilweise noch einen Zweiten auf dem Rumpfrücken, besitzen und Abwurflasten aller Art transportieren können. Zudem war die Maschine als Fern- und Kampfzerstörer geplant. Die Entwürfe galten als Konkurrenz zur Do 417, welche später ebenfalls dem Rotstift zum Opfer fiel.

Flugzeugtyp:	He P 1065
Verwendungszweck:	Mittelschweres Kampfflugzeug
Besatzung:	3
Passagiere:	---
Triebwerke:	2 x Jumo 222 C (2 x 25,48 kW, 2.600 PS)
Spannweite:	--- m
Länge:	15,40 m
Höhe:	--- m
Flügelfläche:	--- m²
Höchstgeschwindigkeit:	640–660 km/h
Dauergeschwindigkeit:	550–570 km/h
Landegeschwindigkeit:	160 km/h
Steigzeit auf 6.000 m:	--- min
Leermasse:	11.500 kg
Flugmasse:	16.000 kg
Dienstgipfelhöhe:	--- m
Reichweite:	2.200–3.000 km
Bewaffnung:	Je 2 MG 151/20 in FHL 151 Z und in HD 151 Z, 1.000–1.500 kg Abwurflasten

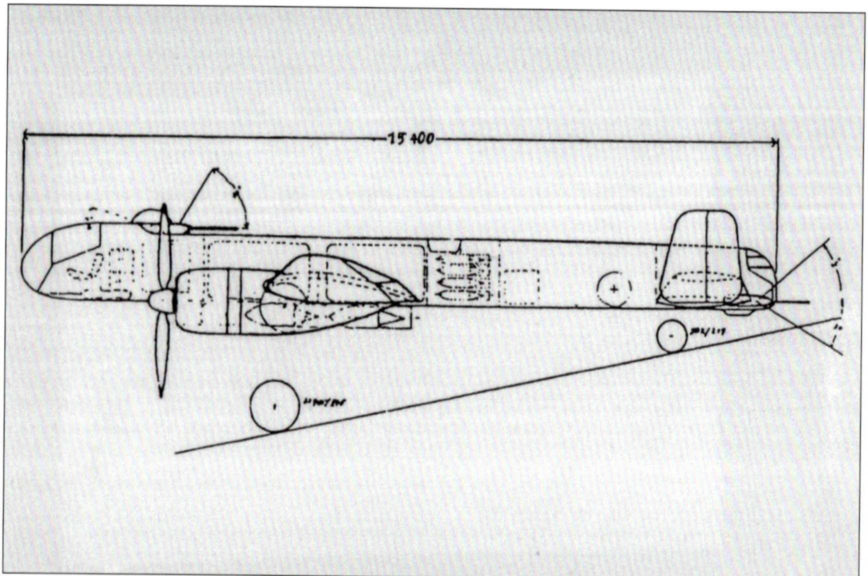

Das »Arbeitsflugzeug« (He P 1065) wurde nicht realisiert. (Heinkel)

He P 1076

Noch Anfang 1945 forderte das RLM von der Industrie, ausgearbeitete Entwürfe für einen schnellen Jagdeinsitzer mit Kolbenmotor dem Chef TLR vorzulegen. Das geplante Heinkel-Jagdflugzeug mit Trapezflügeln, die He P 1076, bestach durch die Verwendung zweier gegenläufiger Luftschrauben und eingeplanten DB 603 E-, DB 603 LM-, DB 609- und Jumo 213 E-Hochleistungsmotoren. Die Reihenmotoren sollten eine moderne Oberflächenkühlung (Wärmetauscher) erhalten. Außerdem sollte ein möglichst geringer Widerstand für maximale Flugleistungen sorgen. Angesichts der Kriegslage wurde die Entwicklung nicht beendet. Entsprechende Berechnungen wurden am 30.08.1945 alliierten Stellen übergeben.

Flugzeugtyp:	He P 1076
Verwendungszweck:	Hochleistungsjagdflugzeug
Besatzung:	1
Passagiere:	---
Triebwerke:	1 x DB 603 LM mit MW 50 (1 x 1.544 kW, 2.100 PS)
Spannweite:	11,00 m
Länge:	9,60 m
Höhe:	2,90 m
Flügelfläche:	18,00 m²
Höchstgeschwindigkeit:	890 km/h in 10.800 m
Höchstgeschwindigkeit:	700 km/h in Bodennähe
Landegeschwindigkeit:	167 km/h
Steigzeit auf 10.000 m:	9 min
Leermasse:	3.100 kg
Flugmasse:	4.380 kg
Dienstgipfelhöhe:	12.500 m
Reichweite:	900–1.600 km
Bewaffnung:	2 x MK 103 (geplant)

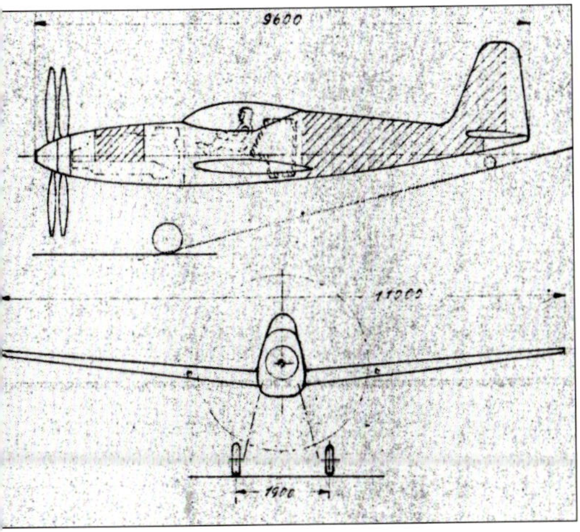

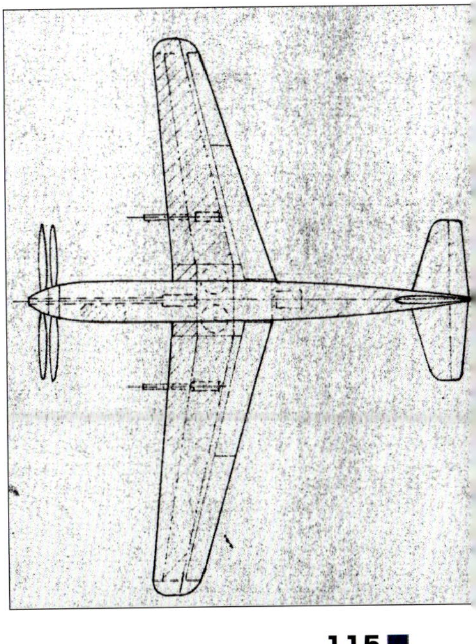

Dreiseitenansicht des Hochleistungsjagdflugzeugs P 1076. (Heinkel)

He P 1077 »Julia I« und »Julia II«

Flugzeugtyp:	He P 1077 »Julia I«
Verwendungszweck:	Nahkampfflugzeug (Jagdflugzeug für den Objektschutz)
Besatzung:	1
Passagiere:	---
Triebwerke:	1 x HWK 109-509 C (1 x regelbar: 1,96–17,15 kN, 200–1.750 kp)
Spannweite:	4,90 m
Länge:	6,98 m
Höhe:	2,00 m
Flügelfläche:	7,20 m²
Höchstgeschwindigkeit:	900 km/h in 10.000 m
Höchstgeschwindigkeit:	850 km/h in 15.000 m
Landegeschwindigkeit:	160 km/h
Steigzeit auf 5.000 m:	32 s
Leermasse:	925 kg
Flugmasse:	1.775–2,275 kg
Dienstgipfelhöhe:	15.500 m
Reichweite:	55–65 km
Bewaffnung:	2 x MK 108 und 1 x SG 117 (geplant)

Die ersten Studien für ein, von einem HWK-Raketenmotor angetriebenen »Nahkampfflugzeug«, begannen als Projekt »Benz« mit Unterstützung der TH Wien. Die Konstruktionsarbeiten liefen Anfang September 1944 an. Die spätere Herstellung der ersten 200 Maschinen wurde am 08.09.1944 den Wiener Holzwerken übertragen. Schon am 22.09.1944 wurde der Auftrag um 300 Serienmuster erweitert und die Maschine von nun an als He P 1077 »Julia 101« bezeichnet. Aus ihr entstand bis Ende Oktober 1944 auch die »Julia II« mit sitzendem Pilot. Schon am 05.11.1944 fiel das geplante Herstellerwerk einem alliierten Luftangriff vollständig zum Opfer. Die Konstruktion der »Julia I« mit regelbarem Triebwerk wurde im Raum Wien im Dezember 1944 abgeschlossen, obwohl die 1:1 große Attrappe inzwischen durch alliierte Bomben verbrannt war.

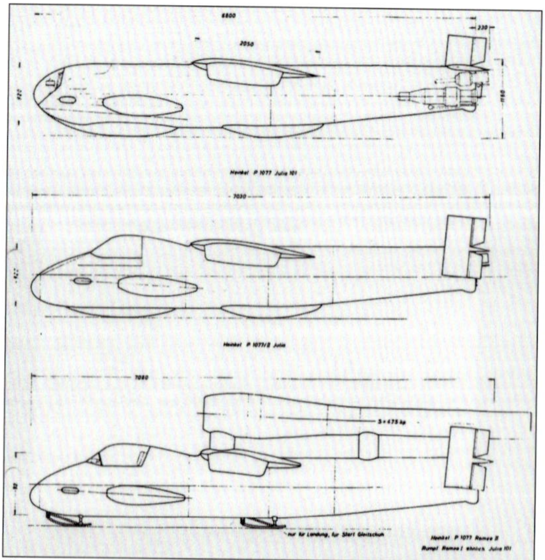

Übersicht über die drei in die nähere Wahl gekommenen He P 1077. (Heinkel)

Anfang 1945 liefen bei der Aerodynamischen Versuchsanstalt (AVA) in Göttingen sowie bei der Luftfahrtversuchsanstalt (LVA) in Berlin-Adlershof erste Messungen im Windkanal an. Inzwischen, im Februar 1945, galten drei bei einem Ausweichbetrieb in Linz gebaute Musterflugzeuge als fertig und sollten wenig später bei der E-Stelle Karlshagen (Insel Usedom) getestet werden. Im März 1945 wurden in Linz die zeitweise gestoppten Arbeiten wieder aufgenommen. In Krems (Donau) wurden zusätzlich je zwei antriebslose und zwei Musterflugzeuge mit Raketenantrieb montiert. Angeblich gingen auch diese Maschinen während der letzten Kriegstage dort verloren.

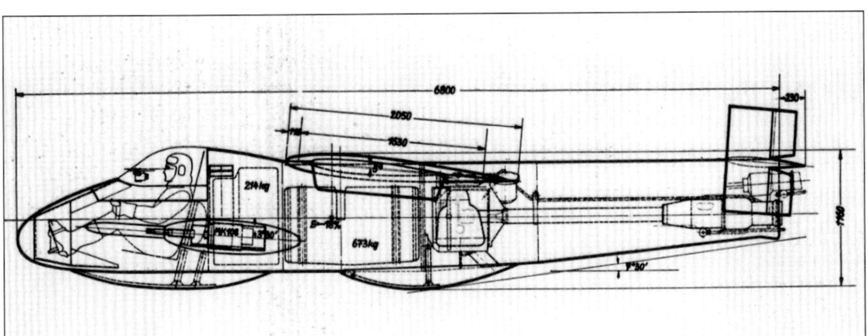

Seitenansicht der He P 1077/II »Julia«. (Heinkel)

Die von einer 8,8 cm Flak-Lafette schräg zu startende »Julia II« entstand als Konkurrenzmuster zur Bachem »Natter«. Als alternative Einsatzvariante galt das Schnellstartverfahren von einem von Hilfsraketen angetriebenen Startwagen aus. Mittels dessen wäre der Objektschutzjäger nach nur 400 m in die Luft gewesen; für den weiteren Steigflug hätte der HWK-Raketenantrieb gesorgt. Ab Mitte Februar 1945 sollten erste Steilstarts unter der Regie von Heinkel-Süd erfolgen, wozu es jedoch nicht mehr kam.

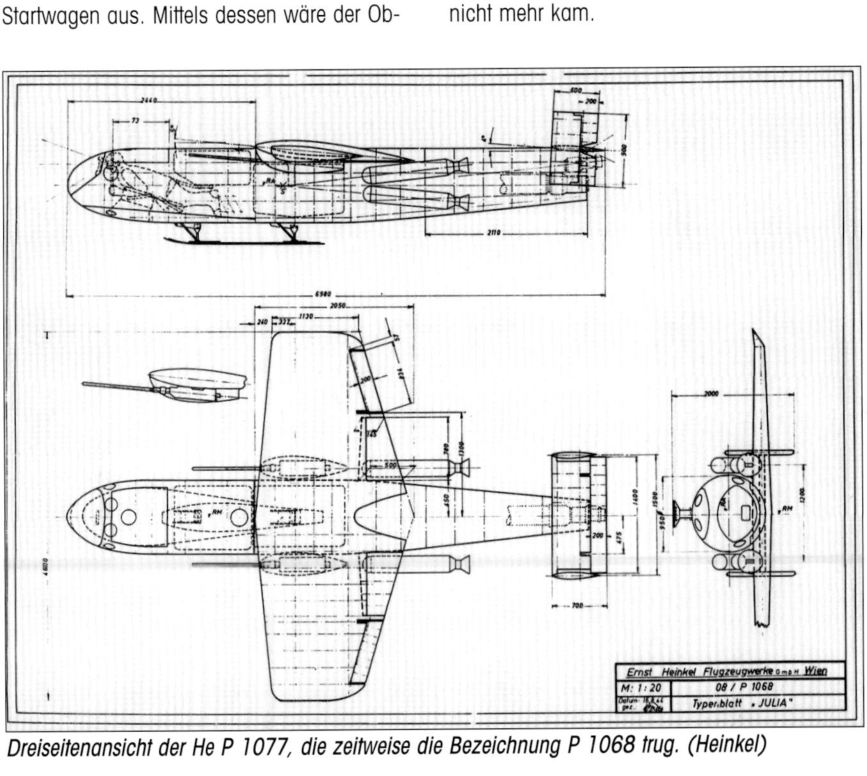

Dreiseitenansicht der He P 1077, die zeitweise die Bezeichnung P 1068 trug. (Heinkel)

He P 1077 »Romeo I« und »Romeo II«

Aufbauend auf der »Julia I« und »Romeo I« wurde die He P 1077 »Romeo II« mit Staustrahlantrieb geplant. Der Pilot sollte wie bei der »Julia II« sitzend untergebracht werden. Die »Romeo« hätte im Gegensatz zur »Julia« vor allem zur Bekämpfung von Bodenzielen gedient. Als Bewaffnung waren zwei MK 108, aber auch »Panzerblitz«-Projektile geplant. Bereits die rechnerischen Leistungen der beiden Ausführungen befriedigten wegen des Pulso-Antriebs nicht. Zudem musste der Pilot ohne ein Funkgerät auskommen und die Maschine nach dem Einsatz auf einer Kufe landen. Dies hätte dazu geführt, dass die Bergung in freiem Gelände sich als sehr schwierig gestaltet hätte. Die Arbeiten wurden kurz vor Kriegsende zu Gunsten der Ju EF 126 eingestellt.

Flugzeugtyp:	He P 1077 »Romeo II«
Verwendungszweck:	Nahkampfflugzeug
Besatzung:	1
Passagiere:	---
Triebwerke:	1 x Argus As 014 (1 x 4,66 kN, 475 kp)
Spannweite:	4,90 m
Länge:	6,85 m
Höhe:	ca. 2,00 m
Flügelfläche:	7,20 m²
Höchstgeschwindigkeit:	610 km/h in Bodennähe
Dauergeschwindigkeit:	550 km/h in Bodennähe
Landegeschwindigkeit:	120 km/h
Steigzeit auf 1.000 m:	--- min
Leermasse:	ca. 650 kg
Flugmasse:	ca. 980 kg
Dienstgipfelhöhe:	ca. 2.000 m
Reichweite:	ca. 75 km
Bewaffnung:	2 x MK 108 oder Panzerblitz (geplant)

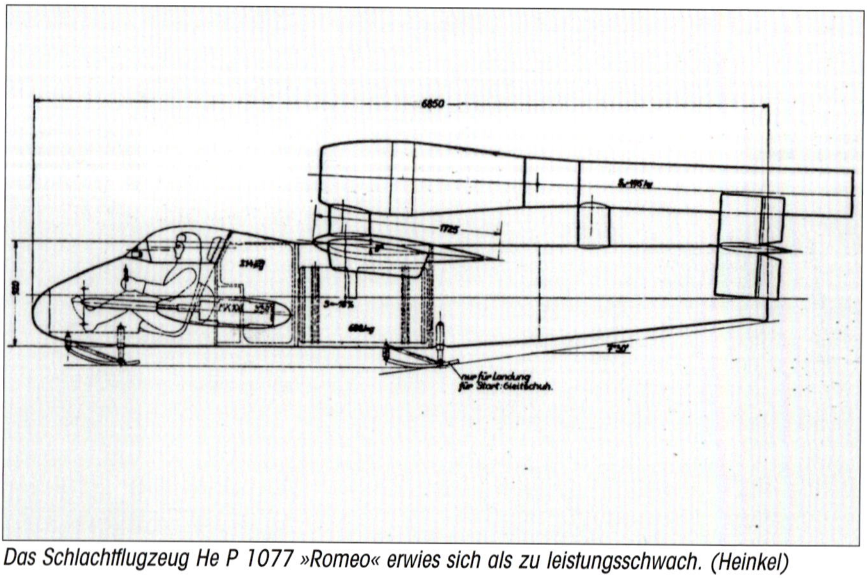

Das Schlachtflugzeug He P 1077 »Romeo« erwies sich als zu leistungsschwach. (Heinkel)

He P 1078

Der leichte Jagdeinsitzer mit HeS 011 A-1-Strahlturbine, die H P 1078, wurde ab Ende 1944 in drei völlig unterschiedlichen Bauformen (A bis C) entwickelt. Es handelte sich vermutlich um Beiträge zur Ausschreibung des 1-TL-Jägers, wobei ein weit leistungsfähigeres Jagdflugzeug als der »Volksjäger« hätte entwickelt werden sollen. Die Ausführung P 1078 A war an den Entwurf der Ta 183 und der He 162 angelehnt, sollte aber von einem HeS 11-TL angetrieben werden. Das Projekt P 1078 B galt als der Entwurf eines schwanzlosen Jagdflugzeugs mit neuartiger Rumpfstruktur. Die P 1078 C sollte ebenfalls als Nurflügeljäger mit abgewinkelten Flächen herauskommen. Die Kriegslage im März 1945 führte dazu, dass die Entwürfe nicht mehr abschließend bearbeitet wurden. Erst nach Kriegsende, im Sommer 1945, konnten die Unterlagen den Alliierten vorgelegt werden.

Flugzeugtyp:	He P 1078 B
Verwendungszweck:	Strahljäger
Besatzung:	1
Passagiere:	---
Triebwerke:	1 x HeS 011 A (1 x 12,84 kN, 1.300 kp)
Spannweite:	9,40 m
Länge:	6,10 m
Höhe:	2,40 m
Flügelfläche:	20,30 m²
Höchstgeschwindigkeit:	1.025 km/h
Dauergeschwindigkeit:	820 km/h
Landegeschwindigkeit:	155 km/h
Steigzeit auf 6.000 m:	4,9 min
Leermasse:	2.000 kg
Flugmasse:	3.900 kg
Dienstgipfelhöhe:	13.700 m
Reichweite:	1.550 km
Bewaffnung:	2 x MK 108 (oder 2 x MG 151/20)

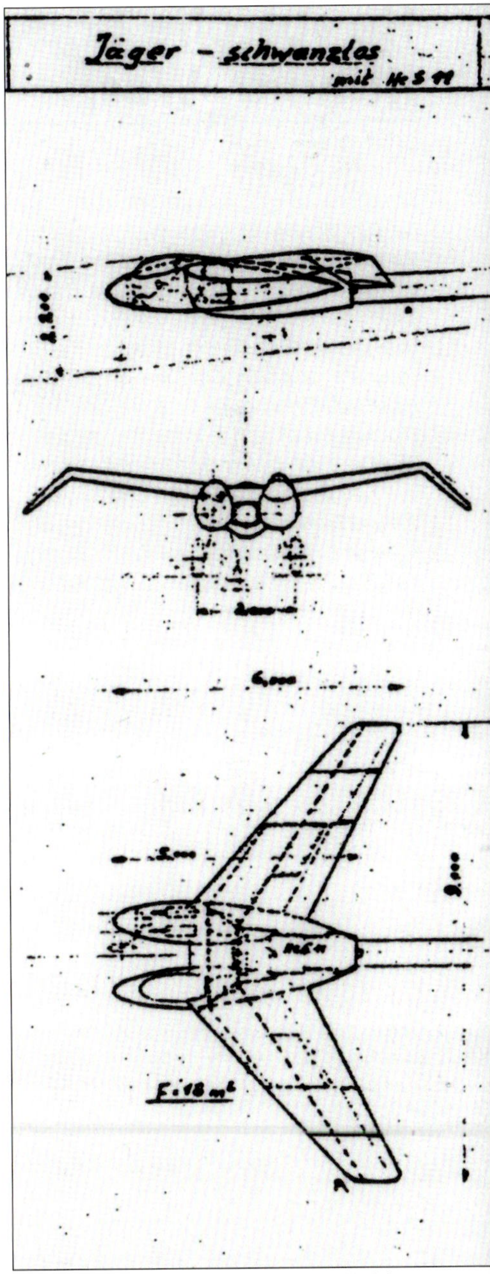

Eine der drei Grundausführungen des Projekts He P 1078. (Heinkel)

He »Lerche I bis III« und »Wespe«

Als gegen Kriegsende immer mehr Flugplätze von gegnerischen Luftstreitkräften zerstört wurden, dachten die Mitglieder des Entwicklungsbüros daran, einen senkrecht startenden Jagdeinsitzer zu bauen. Die ersten beiden Entwürfe entstanden bis zum 25.02.1945 bei Heinkel-Süd. Es handelte sich zum einen um die »Lerche I«, einen leichten Jäger mit DB 603 E. Die »Lerche II« sollte als Schlechtwetterflugzeug eingesetzt werden und wäre von zwei DB 605 D angetrieben worden. Die »Lerche III« galt als ähnlich ausgelegter Nacht- und schwerer Jäger mit zwei DB 603 N-Triebwerken. Die »Wespe« folgte als leichtes Jagdflugzeug mit PTL-Triebwerk (DB 021). Alle Entwürfe blieben Projekte.

Flugzeugtyp:	He »Lerche I«
Verwendungszweck:	Leichtes Jagdflugzeug (Senkrechtstarter)
Besatzung:	1
Passagiere:	---
Triebwerke:	1 x DB 603 E (1 x 1.287 kW, 1.750 PS)
Spannweite:	4,00 m
Länge:	7,15 m
Höhe:	--- m
Flügelfläche:	12,00 m²
Höchstgeschwindigkeit:	780 km/h in 6.000 m Höhe
Dauergeschwindigkeit:	670 km/h
Landegeschwindigkeit:	>10 km/h
Steigzeit auf 1.000 m:	--- min
Leermasse:	3.500 kg
Flugmasse:	5.562 kg
Dienstgipfelhöhe:	12.500 m
Reichweite:	--- km
Bewaffnung:	2 x MK 108

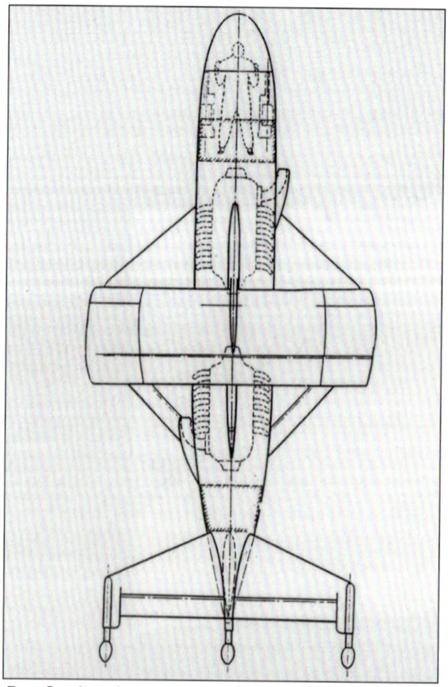

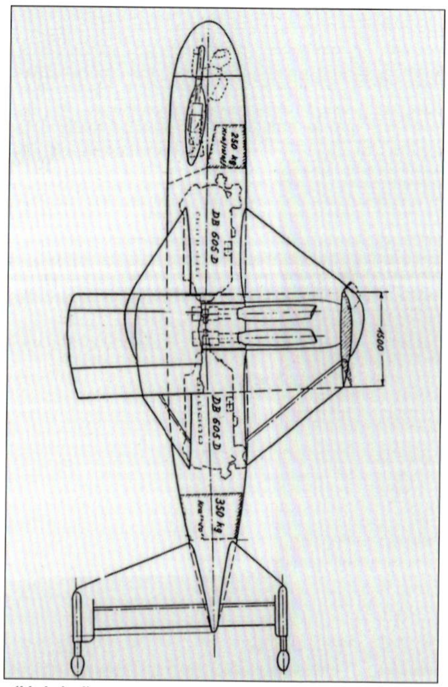

Der Senkrechtstarter »Lerche« war zukunftsweisend. (Heinkel)

Fouga/Heinkel/ Messerschmitt C.M.170R

Gleich zu Beginn der Wiederbewaffnung bestellte Deutschland insgesamt 234 Schulflugzeuge des Typs C.M 130 R »Magister«, von denen nur die ersten 40 in Frankreich gebaut wurden. Die folgenden 194 liefen bei einem Konsortium, der Flugzeug-Union-Süd, die aus Messerschmitt und Heinkel bestand, vom Band. Im Heinkel-Werk in Speyer wurde der Rumpfbug sowie das Leitwerk in Serie gefertigt, die übrigen Teile steuerte Messerschmitt bei. Die ersten beiden, noch aus französischer Produktion stammenden C.M. 170 R wurden am 28.05.1957 der Luftwaffe übergeben. Die übrigen folgten bis 1963. Ab 1966 zwangen starke Verschleißerscheinungen schrittweise zur Ausmusterung der Maschinen.

Die Fouga »Magister« wurde von der Flugzeug Union Süd in Lizenz gebaut. (Heinkel)

Potez-Heinkel C.M. 191

Bei der C.M. 191, einer Gemeinschaftsproduktion mit der französischen Firma Potez, handelte es sich um das erste nach dem Zweiten Weltkrieg in der Bundesrepublik Deutschland entwickelte Strahlflugzeug. Obwohl die Maschine stärkere Triebwerke als die C.M. 170 besaß, fiel die Höchstgeschwindigkeit geringer aus. Der Erstflug der CM 191 V1 (D-9504) fand am 19.03.1962 in Toulouse statt. Im gleichen Jahr wurde der Prototyp auf der Luftfahrtschau in Hannover vorgestellt. Die geplante Serienfertigung lief nicht an, obwohl sich die C.M. 191 als militärisches Übungsflugzeug durchaus geeignet hätte. So blieb es bei zwei Musterflugzeugen, von denen sich die CM 191 V1 in den USA und die CM 191 V2 (D-9532) sich im Technik Museum in Speyer befindet, nachdem sie mehrere Jahre von der Wehrtechnischen Dienststelle (WTD) 61 in Manching geflogen worden war.

Flugzeugtyp:	Potez-Heinkel C.M. 191
Verwendungszweck:	Reise-, Fortgeschrittenenschulflugzeug und Blindflugtrainer
Besatzung:	2 (4)
Passagiere:	---
Triebwerke:	2 x Turbomeca-Mabore VI (2 x 4,70 kN, 480 kp)
Spannweite:	12,02 m
Länge:	9,93 m
Höhe:	3,20 m
Flügelfläche:	18,43 m²
Höchstgeschwindigkeit:	710 km/h
Dauergeschwindigkeit:	660 km/h
Landegeschwindigkeit:	125 km/h
Steigzeit auf 4.000 m:	--- min
Leermasse:	2.210 kg
Flugmasse:	4.075 kg
Dienstgipfelhöhe:	10.000–12.500 m
Reichweite:	1.190–2.630 km
Bewaffnung:	Diverse Luft-Boden-Raketen (geplant)

Für die Potez-Heinkel C.M. 191 fanden sich keine Interessenten. (Heinkel)

He 011, 021 und 031 »Florett«

Unter Leitung von Siegfried Günter entstand aus dem für Ägypten geplanten Deltaflügler, der He 011, die He 021, die für Spanien vorgesehen war. Es folgte die He 031, ein Abfangjäger mit Mischantrieb, der aus Strahlturbine (HeS 053) und Raketen-Zusatzantrieb bestand. Der Entwurf ging auf eine Ausschreibung des Bundesverteidigungsministeriums (BMVg) aus dem Jahr 1955 zurück. Der Mach 2,0 schnelle Jäger sollte zunächst mit einem englischen Triebwerk versehen werden, da deutsche in der gewünschten Stärke noch nicht zur Verfügung standen. Obwohl Heinkel im Februar 1957 die Ausschreibung gewann, unterblieb der Bau der geplanten vier Mustermaschinen, obwohl die rechnerischen Werte teilweise noch über den vom Beschaffungsamt geforderten lagen. Da die Nato-Doktrin inzwischen Senkrechtstarter forderte, wurde aus der He 031 die VJ-101 C entwickelt.

Flugzeugtyp:	He 031 »Florett«
Verwendungszweck:	Abfangjäger mit Mischantrieb
Besatzung:	1
Passagiere:	---
Triebwerke:	HeS 053 (1 x 63,70 kN, 6.500 kp) sowie Raketenantrieb
Spannweite:	8,64 m
Länge:	13,85 m
Höhe:	3,87 m
Flügelfläche:	24,90 m²
Höchstgeschwindigkeit:	3.100 km/h in 18.000 m
Dauergeschwindigkeit:	--- km/h
Landegeschwindigkeit:	200 km/h
Steigzeit auf 25.000 m:	3,0 min
Leermasse:	4.110 kg
Flugmasse:	8.000 kg
Dienstgipfelhöhe:	25.000–30.000 m
Reichweite:	2.600–3300 km
Bewaffnung:	2 x Luft-Luft-Raketen (Sidewinder), 2 x 60 Luft-Boden-Raketen

Die Entwicklung der He 031 »Florett« wurde vorzeitig eingestellt. (Heinkel)

He 231

Als VTOL-Allwetter-Jagdflugzeug He 231 entstand aufgrund einer Ausschreibung des Bundesverteidigungsministeriums (BMVg) am 02.12.1957. Die von Siegfried Günter und seinem Team konzipierte Maschine war anfangs als ein »Heckstarter« mit Strahlantrieb und Nachbrenner ausgelegt. Das zunächst vorgesehene General-Electric (GE) J 79-Triebwerk war jedoch zu lang, so dass man auf vier kleinere GE J 85 im hinteren Rumpf überging. Der Entwurf hätte Nachteile in der fliegerischen Handhabung aufgewiesen, so dass sich Heinkel Entwürfen eines »Flachstarters« zuwandte, die später zusätzlich Entenflügel aufwiesen. Aus dem Entwurf wurde die VJ-101 A, welche im Herbst 1959 – zusammen mit dem Messerschmitt-Entwurf VJ-101 B – zur VJ-101 C wurde.

Flugzeugtyp:	He 231
Verwendungszweck:	VTOL-Jagdflugzeug
Besatzung:	1
Passagiere:	---
Triebwerke:	4 x General-Electric J85 (4 x 12,70 kN, 12.455 kp)
Spannweite:	6,00 m
Länge:	10,00 m
Höhe:	4,10 m
Flügelfläche:	--- m²
Höchstgeschwindigkeit:	2.500 km/h
Dauergeschwindigkeit:	--- km/h
Landegeschwindigkeit:	--- km/h
Steigzeit auf 4.000 m:	--- min
Leermasse:	4.600 kg
Flugmasse:	7.500 kg
Dienstgipfelhöhe:	20.000 m
Reichweite:	2.400 km
Bewaffnung:	Luft-Luft-Raketen

Die He 231 wurde zum Vorläufer der VJ-101. (Heinkel)

He 111 / He 211 A-1 und B-1

Flugzeugtyp:	He 211
Verwendungszweck:	Kurzstrecken-Verkehrsflugzeug
Besatzung:	2
Passagiere:	22-24
Triebwerke:	2 x General-Electric CF 700 (2 x 18,90 kW, 18.535 PS)
Spannweite:	14,70 m
Länge:	19,15 m
Höhe:	3,48 m
Flügelfläche:	38,00 m²
Höchstgeschwindigkeit:	840 km/h
Dauergeschwindigkeit:	760 km/h
Landegeschwindigkeit:	210 km/h
Steigzeit auf 8.000 m:	--- min
Leermasse:	5.865 kg
Flugmasse:	10.970 kg
Dienstgipfelhöhe:	11.500 m
Reichweite:	1.400 km
Bewaffnung:	keine

Das Verkehrsflugzeug für zwölf Personen, die He 211, ging auf mehrere Entwürfe von Siegfried Günter vom Mai 1957 zurück. 1958 schrieb das Bundeswirtschaftsministerium ein Kurzstrecken-Verkehrsflugzeug aus. Heinkel beteiligte sich mit der He 211 A-1, welche als Antrieb zwei Propellerturbinen besaß. Obwohl sich die Lufthansa dafür aussprach, kam es zu keiner ausreichenden staatlichen Förderung. Drei Jahre später, 1961, bot Heinkel den bisherigen Entwurf mit zwei Strahlturbinen als He 211 B-1 an. Obwohl alle Prognosen für einen guten Absatz sprachen, wurde die Entwicklung, die bisher etwa 80 Mio DM verschlungen hatte, Anfang der sechziger Jahre eingestellt und damit eine große Chance vertan.

Der Bau der He 211 scheiterte an zu geringer staatlicher Unterstützung. (Heinkel)

He 212

Der Entwurf des senkrecht zu startenden und zu landenden Zubringerflugzeugs He 212 war gleichermaßen für eine zivile und militärische Verwendung ausgelegt. Die Entwicklung beruhte auf einer vom Führungsstab der Bundesluftwaffe (GAF) und der Deutschen Lufthansa (DLH) festgelegten Rahmenforderungen, nach denen ein leistungsfähiger VTOL-Kipprotor-Transporter entstehen sollten. Die militärische Variante war als Truppentransporter für 76 voll ausgerüstete Soldaten und gleichzeitig als Sanitätsflugzeug konzipiert. Als Verkehrsflugzeug war an die Mitnahme von bis zu 42 Fluggästen gedacht. Mit der Fertigung wurde Ende der sechziger Jahre gerechnet. Die Maschine war gleichermaßen im Kurzstart (STOL), wie auch im Senkrechtstart (VTOL) einsetzbar. Der Heinkel-Entwurf wurde später bei VFW weiter bearbeitet und führte schließlich zur VC 400, die ebenfalls nicht gebaut wurde.

Flugzeugtyp:	He 212
Verwendungszweck:	VTOL-Verkehrsflugzeug
Besatzung:	3
Passagiere:	38–42
Triebwerke:	4 x General-Electric T64, (4 x 2.537 kW, 3.450 PS)
Spannweite:	19,00 m
Länge:	21,80 m
Höhe:	--- m
Flügelfläche:	--- m²
Höchstgeschwindigkeit:	880 km/h in 7.600 m Höhe
Höchstgeschwindigkeit:	600 km/h in Bodennähe
Landegeschwindigkeit:	--- km/h
Steigzeit auf 5.000 m:	--- min
Leermasse:	10.500 kg
Flugmasse:	17.000–18.500 kg
Dienstgipfelhöhe:	8.500 m
Reichweite:	550–1.300 km
Bewaffnung:	keine

Der Senkrechtstarter He 212 wurde schließlich als VC 400 fortentwickelt. (Heinkel)

Entwicklungs-ring Süd (EWR) VJ-101

Flugzeugtyp:	VJ-101 C X1
Verwendungszweck:	VTOL-Jagdflugzeug (Versuch)
Besatzung:	1 Mann
Passagiere:	---
Triebwerke:	2 x Rolls-Royce RB 145 (2 x 12,25 kN, 1.250 kp) 4 x Rolls Royce RB 145 R (4 x 15,78 kN, 1.610 kp)
Spannweite:	6,61 m
Länge:	15,60 m
Höhe:	4,13 m
Flügelfläche:	18.60 m²
Höchstgeschwindigkeit:	>2.700 km/h
Dauergeschwindigkeit:	--- km/h
Landegeschwindigkeit:	--- km/h
Steigzeit auf 1.000 m:	--- min
Leermasse:	4.120 kg
Flugmasse:	6.000 kg
Dienstgipfelhöhe:	>22.000 m
Reichweite:	750–2.300 km
Bewaffnung:	unbewaffnet

In der Ausschreibung des BMVg vom 2.11. 1956 wurde ein Interceptor gefordert. Angesichts der Verletzbarkeit der Startbahnen waren STOL- und VTOL-Eigenschaften angesagt. Bis 1959 bildete sich dazu der Entwicklungsring Süd. Während sich Heinkel mit dem Entwurf der VJ 101 A befasste, arbeitete Messerschmitt an seiner VJ 101 B. Erst die gemeinsame Projektbearbeitung führte zum Entwurf der VJ 101 C. Anschließend entstanden das VJ 101 C-Schwebegestell in Manching sowie zwei Musterflugzeuge. Der erste Freiflug der VJ 101 C X-1 fand am 10.04.1963 statt. Der erste Überschallflug (Mach 1,04) eines Senkrechtstarters glückte am 29.07.1963. Die Maschine ging bald darauf, am 14.09.1964, verloren. Am 12.06.1965 begannen die Flüge mit der VJ 101 C X-2. Am 27.01.1971 endete die Entwicklung des Senkrechtstarters.

Das erste Versuchsmuster VJ-101 X1 während der Triebwerkserprobung. (Heinkel)